U0182399

网树
——一种新型数据结构及其应用

武优西 吴信东 著

科 学 出 版 社

北 京

内 容 简 介

本书围绕网树结构这一新型数据结构进行介绍，该结构是一种多树根、多双亲的拓展树结构。本书应用该结构解决了若干模式匹配（串匹配）、序列模式挖掘、图论等科学前沿问题，并对模式匹配和序列模式挖掘研究发展进行了简要回顾。

本书主要内容包括：网树结构与树结构的区别与联系；对具有间隙约束模式匹配问题进行概述，在此基础上，采用网树结构及其变形结构对几种模式匹配问题进行求解；对关联规则挖掘和序列模式挖掘进行简要回顾，在此基础上，采用网树结构及其变形结构对无特殊条件和无重叠条件的间隙约束序列模式挖掘进行求解；采用网树结构对图中具有长度约束的路径数和最大不相交路径问题进行求解。

本书可作为高等院校计算机科学与技术及其相关专业研究生和高年级本科生教材，也可用作拓展青少年信息学奥林匹克竞赛活动训练的辅助读本，还可供对数据结构课程或数据挖掘、模式识别等相关研究方向感兴趣的研究人员和工程技术人员阅读参考。

图书在版编目（CIP）数据

网树：一种新型数据结构及其应用/武优西，吴信东著. —北京：科学出版社，2021.11

ISBN 978-7-03-070550-1

Ⅰ. ①网… Ⅱ. ①武… ②吴… Ⅲ. ①数据结构-介绍 Ⅳ. ①TP311.12

中国版本图书馆 CIP 数据核字（2021）第 226131 号

责任编辑：戴 薇 吴超莉 / 责任校对：赵丽杰
责任印制：吕春珉 / 封面设计：东方人华平面设计部

科学出版社 出版

北京东黄城根北街 16 号
邮政编码：100717
http://www.sciencep.com

三河市骏杰印刷有限公司 印刷
科学出版社发行 各地新华书店经销

*

2021 年 11 月第 一 版 开本：B5（720×1000）
2021 年 11 月第一次印刷 印张：10 3/4
字数：214 000

定价：96.00 元

前　言

程序=算法+数据结构，由此不难看出，数据结构在程序设计中具有非常重要的意义。

"数据结构"是计算机及其相关专业极为重要的一门课程，但是目前讲授的内容大多是 20 世纪 70 年代前后形成的相对成熟的知识，其已严重滞后于当前最新科研成果。作者在从事间隙约束模式匹配方面研究的过程中提出了一种新型数据结构——网树结构，其是一种多树根、多双亲的拓展树结构。网树结构在现实生活中也有诸多重要应用，如在描述亲缘关系中，由于我们每个人都有父母双亲，因此采用单双亲的树结构难以描述；若采用多双亲的网树结构进行描述，则更为直观方便。作者与其合作伙伴应用网树结构解决了若干模式匹配（串匹配）问题、序列模式挖掘问题及图论问题，研究成果先后发表在 *IEEE Transactions on Cybernetics*、*Science China Information Sciences*、*Applied Intelligence*、*Journal of Information Science*、《计算机学报》、《软件学报》、《通信学报》等刊物上。

串匹配和树结构都是"数据结构"课程中极为重要的知识。此外，序列模式挖掘是数据挖掘中一种常用的分析和挖掘方法。作者希望将这些最新研究成果介绍给普通读者，使读者能及时了解相关的国际前沿问题。

本书共 5 章，第 1 章介绍网树结构的概念；第 2 章介绍间隙约束通配符与传统通配符之间的关系，进而对间隙约束模式匹配问题进行分类，在此基础上，介绍几种间隙约束模式匹配问题的求解算法；第 3 章介绍关联规则挖掘和序列模式挖掘的基本原理，在此基础上，介绍几种间隙约束序列模式挖掘问题的求解算法；第 4 章介绍几种图问题的求解算法；第 5 章对网树研究进行总结与展望。第 2~4 章各自独立，读者可以根据自己的兴趣和时间进行选择性阅读。

本书第 1~3 章后均有一定数量的习题，可帮助读者巩固所学知识，引导读者做进一步的探索和研究。

本书的出版得到国家自然科学基金项目（项目编号：61976240、61673159、91746209）的资助。本书力图通过大量实例和插图，将许多晦涩难懂的科学前沿问题通俗易懂地呈现给广大读者，使广大读者易于理解相关概念、应用价值和算法的求解原理。

非常感谢对本书做了大量工作的人员，他们是丁薇、范金泉、耿萌、郭磊、户倩、菅博境、江贺、雷荣、李艳、刘茜、刘亚伟、罗岚方、闵帆、任家东、单劲松、沈丛、孙乐、唐志强、仝瑶、王玲玲、王晓慧、王月华、于磊、袁朱、朱昌瑞、朱怀忠、朱兴全。

　　由于作者水平有限，书中难免存在不妥和疏漏之处，敬请广大读者批评指正。

作　者

2021 年 8 月

目　　录

第1章 网树结构

提起树，人们通常会想起图 1.1 所示的自然界中的树。

图 1.1 自然界中的树

在数据结构中有一种极为重要的非线性数据结构，即树形数据结构[1-2]（简称为树结构），如图 1.2 所示。之所以称其为树结构，是因为这种结构看起来像一棵倒立的树，即树根朝上，树叶朝下的树。

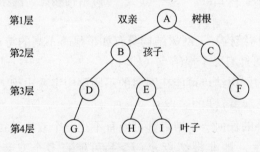

图 1.2 数据结构中的一棵树

定义 1.1（树结构） 在树结构中除了具有结点、树根、叶子、孩子和双亲等概念以外，还有诸如祖先、子孙、左孩子、右孩子、兄弟结点、堂兄弟结点、结点的层次和树的深度等概念。此外，树结构还具有以下特点：

1）每个结点有零个或多个孩子结点；

2）若一个结点有多个孩子结点，则左边的孩子结点称为左孩子，右边的孩子结点称为右孩子；

3）没有父结点的结点称为树根；

4）没有孩子结点的结点称为叶子；

5）每一个非根结点有且只有一个父结点；

6）除了根结点外，每个孩子结点可以分为多个不相交的子树。

例 1.1　为了对树结构进行说明，以图 1.2 为例，图中结点 A 称为树根；结点 A 的孩子结点是结点 B 和 C，即结点 B 和 C 的双亲结点是结点 A；结点 G、H、I、F 被称为叶子；结点 G、H 和 I 是结点 B 的子孙结点，即结点 B 是结点 G 和 H 的祖先结点；结点 D 和 E 是兄弟关系；结点 D 与结点 F 属于堂兄弟关系，因为这两个结点都在以结点 A 为树根的树结构的第 3 层上。这棵树的深度为 4。

显然树结构可以用来表示数据之间一对多的关系，被广泛应用于求解多种问题，如文件的目录结构就是树结构。不仅如此，其在现实生活中也有重要的应用，如可以用来描述人类的族谱。树结构也有缺点，如尽管其在现实生活中可描述族谱，但是这种族谱是一种父系族谱，如果用其来描述父母双系族谱则无能为力，这是因为现实生活中，每个人都有父亲和母亲两个双亲，用一对多的树结构难以表达这种二对多或多对多的实际情况。为此，我们提出了一种全新的数据结构——网树形数据结构，简称网树结构或网树[3-4]。不仅在家庭关系描述中可以应用网树结构，而且现实世界诸多地方也构成了网树形式。例如，师生关系就是典型的多对多关系，即一位老师可以对应多名学生，而一名学生也可以对应多位老师，这种关系网络可以用网树结构进行直观的描述。

网树是一种与树结构类似的结构，其包含许多树结构中的概念，如树根、叶子、层（级）、父亲、孩子等。尽管如此，与树结构相比，网树结构仍具有显著不同的特点。

定义 1.2（网树结构）　网树结构具有如下显著不同的特点：

1）一棵网树可能有 k 个根结点（$k \geqslant 1$）；

2）相同名称的网树结点可能在网树的不同层中多次出现，为了有效地描述一个结点，用 n_j^i 来表示第 j 层的结点 i；

3）除根结点外的任何一个结点都可能有不止一个双亲结点，所有的双亲结点都必须在同一层上，即非根结点 n_j^i（$j > 1$）可能有多个双亲结点 $\{ n_{j-1}^{i_1}, n_{j-1}^{i_2}, \cdots, n_{j-1}^{i_k} \}$（$k \geqslant 1$）；

4）从一个网树结点到其祖先结点或根结点可能有很多路径。

相同名称的网树结点可能在网树的不同层中多次出现，这种现象在现实世界中也普遍存在。仍以师生关系为例，假定甲是一位老师，乙是甲的一名学生，乙工作后也成为一位老师。丙是乙的一名学生，后来丙又成为甲的一名学生。这样单独看乙和丙之间的关系是师生关系；但是若从甲的角度看乙和丙之间的关系，则是师兄弟关系。

例 1.2　为了对网树结构进行说明，图 1.3 给出了一棵深度为 4 的网树。在该网树中有两个根结点，分别为第 1 层的结点 A 和 B。图中结点名称为 B 的结点有两个，分别位于第 1 层和第 2 层，为了进行区分，采用 n_1^B 和 n_2^B 来分别表示第 1 层和第 2 层的结点 B。以第 2 层的结点 C 为例，该结点有两个双亲结点，分别是第 1 层的结点 A 和结点 B。结点 n_4^H 到其祖先结点 n_2^C 有两条路径，分别经过结点 n_3^F 和 n_3^G。可知，结点 n_4^H 到树根结点 n_1^A 有 3 条不同的路径，请读者自行找出。

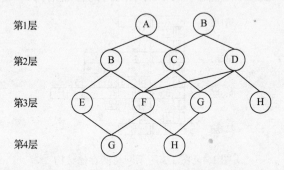

第1层

第2层

第3层

第4层

图 1.3 数据结构中的一棵网树

为了方便求解某些特定的问题，下面给出两个特殊定义，分别是绝对叶子和完全路径。

定义 1.3（绝对叶子） 在深度为 m 的网树中，第 m 层的叶子结点称为绝对叶子结点。

定义 1.4（完全路径） 一条从树根 $n_1^{A_1}$ 到绝对叶子结点 $n_m^{A_m}$ 的路径被称为完全路径，可以简记为 $<A_1, \cdots, A_m>$。

例 1.3 依然以图 1.3 为例进行说明，图中有 3 个叶子结点，分别是第 3 层的结点 H 及第 4 层的结点 G 和 H，即 n_3^H、n_4^G 和 n_4^H，其中绝对叶子结点为 n_4^G 和 n_4^H，而 n_3^H 不是绝对叶子结点，因为其在第 3 层上，而网树的深度为 4。从树根 A 到绝对叶子结点 n_4^H 且经过第 2 层的结点 B 及第 3 层的结点 F 的一条完全路径是 $<n_1^A, n_2^B, n_3^F, n_4^H>$，可以简记为<A,B,F,H>。同理，<A,C,F,H>也是一条完全路径，是与<A,B,F,H>不同的另外一条完全路径。

由于网树结构较为复杂，不仅双亲和孩子之间经常进行相互访问，而且有时也需要同层兄弟之间进行相互访问，为了快速定位兄弟结点、孩子结点或双亲结点，可以采用 vector 数组形式进行存储。因此，网树结构可用如下形式进行定义：

```
struct NTnode
{
    char data;
    vector <int> parent;
    vector <int> children;
};
vector <NTnode> *nettree;
```

若访问第 j 层的第 i 个结点，则采用 nettree[j][i]即可（用 C 语言则是 nettree[j-1][i-1]，因为在 C 语言中用下标 0 表示数组中第一个数组元素）。例如，图 1.3 中第 2 层的第 3 个网树结点存储的是字符 D，若想访问该结点，则采用 nettree[2][3]即可。图 1.4 给出了图 1.3 所示网树的存储结构。

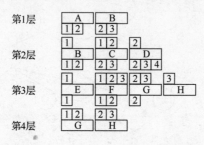

图 1.4　图 1.3 所示网树的存储结构

例 1.4　以图 1.4 中第 2 层第 3 个结点为例进行说明，该结点中存储的字符为 D，其上面只有一个数字 2，表示其只有一个双亲，是上一层的第 2 个结点。由于当前层为第 2 层，因此其双亲为第 1 层的第 2 个结点，即存储字符 B 的结点。此外，该结点下面有 3 个数字，分别为 2、3、4，表明该结点有 3 个孩子结点，分别为第 3 层的第 2 个、第 3 个和第 4 个结点，即分别存储字符 F、G 和 H 的结点。用这样的存储形式，可以较为方便地实现访问某个特定结点，而无须遍历。

习　题

1. 本章给出了网树结构的定义，若采用相似的定义，那么树结构将如何进行定义？

2. 请编程实现对图 1.2 的树进行存储。

3. 在题 2 的基础上，请编程实现对图 1.2 的树进行先根和后根方式遍历。

4. 请编程实现对图 1.3 的树进行存储。

5. 图 1.3 中有多少条不同的完全路径？

6. 请编程实现对图 1.3 的网树进行存储。

7. 在题 6 的基础上，计算图 1.3 中共有多少条不同的完全路径。

8. 请编程绘制一张亲属关系图，然后输入两个亲属姓名，显示这两个亲属的关系路径。

第2章 网树求解几种间隙约束模式匹配问题

模式匹配[5]（也称串匹配）是计算机科学中的一类经典问题，在实际问题中具有广泛的应用[6-7]。"具有通配符的模式匹配"是其中一类重要问题[8-9]。传统的通配符有两种，即"?"和"*"，其中"?"可以通配任意一个字符，"*"可以通配 0 个或任意多个字符。例如，"a?b"表示字符 a 与 b 之间可以存在任意一个字符，因此序列（也称为序列串或字符串）acb 是模式（也称模式串）"a?b"的一个出现（也称匹配），但是序列 ab 和 acdb 均不是模式"a?b"的出现。同理，"a???b"表示 a 与 b 之间存在任意 3 个字符，因此序列 acdeb 是模式"a???b"的一个出现，而序列 acdb 不是模式"a???b"的出现。

近年来，一种更为灵活方便的通配符被提出，称为间隙约束通配符（也称可变间隙通配符）[10-11]，其形式描述为"a[min,max]b"，表示 a 与 b 之间存在至少min 个、至多 max 个任意字符。例如，a[0,2]b 表示 a 与 b 之间存在至少 0 个、至多 2 个任意字符，因此序列 ab 和 acdb 均是满足模式 a[0,2]b 的出现。显然，模式a[0,2]b 可以同时表示"ab"、"a?b"和"a??b" 3 种传统通配符模式。由此我们易知 a[0,2]b[0,2]c 可以同时表示 9 种传统通配符模式。因此，一个含间隙约束通配符的模式表示出的含传统通配符模式的数量是与通配符的数量呈指数相关的。故此，间隙约束通配符相比传统通配符"?"和"*"更为灵活。

2.1 间隙约束模式匹配

定义 2.1（间隙约束通配符的模式） 间隙约束通配符的模式可以写作 $p_1[\min_1,\max_1]p_2\cdots[\min_{j-1},\max_{j-1}]p_j\cdots[\min_{m-1},\max_{m-1}]p_m$ 的形式，这里 $\min_{j-1}$ 和 $\max_{j-1}$（$2\leqslant j\leqslant m, \min_j\leqslant\max_j$）分别表示模式子串 p_{j-1} 与 p_j 之间可以通配的最少字符数量和最多字符数量。

定义 2.2（序列） 长度为 n 的序列 S 是由 n 个字符构成的，其可写作 $S=s_1s_2\cdots s_i\cdots s_n$ 的形式，这里 $s_i(1\leqslant i\leqslant n)$ 表示任意字符。

含有间隙约束通配符的模式匹配也称为间隙约束模式匹配，与含有传统通配符的模式匹配相比，这种模式匹配可以灵活方便地满足用户的多种实际需要，但是更加难以求解且存在多种形式。间隙约束模式匹配通常可以按照如下 3 种形式进行划分：匹配的类型、出现的约束类型和间隙的类型。

2.1.1　按照匹配的类型进行划分

我们知道，在一般的模式匹配中存在精确匹配[12]和近似匹配[13]两大类。精确匹配是指模式中每个模式子串与序列子串必须一一对应；而近似匹配是指在匹配的过程中允许存在一定数量的"误差"，即模式子串与对应的序列子串可以不相同。例如，在使用拼音输入法输入文字的过程中，输入"遍"这个汉字的拼音，正常情况下需要输入 bian，然后选择"遍"这个汉字，但是由于误操作，用户可能输成其他相似字符串，如 biasn，如果采用精确匹配的方式，那么无法将 biasn 与汉字"遍"对应。若将 biasn 识别成 bian 并与汉字"遍"对应，则需要采用近似匹配[14]。显然在实际应用中，近似匹配具有更大的应用价值。

在近似匹配中，若模式与序列子串的距离不超过指定的阈值，就可以说该序列子串是模式的一个出现。存在多种方式用于计算模式与序列子串的距离，如编辑距离（edit distance）和汉明距离（Hamming distance）[15]。

编辑距离是俄罗斯科学家 Vladimir Levenshtein 在 1965 年提出的，又称 Levenshtein 距离，是指两个字符相互转化的最少操作步骤。这里所说的字符操作包括：①删除（delete）一个字符；②插入（insert）一个字符；③将一个字符替换（substitute）为另一个字符。前面所说的 biasn 与 bian 的编辑距离为 1，这是因为在 a 和 n 之间经过 1 次删除 s 操作，即可实现由 biasn 变为 bian。计算可以采用动态规划的方法计算两个字符串 A 和 B 的编辑距离 $\text{dis}_{A,B}(i,j)$，这里 i 和 j 分别表示字符串 A 和 B 取得的长度。计算编辑距离的方法是构造一个 $|A|+1$ 行且 $|B|+1$ 列的二维矩阵，矩阵中第 i 行第 j 列的矩阵元素值表示的是：将字符串 A 前 i 个字符串转变成字符串 B 的前 j 个字符串所需要的最少编辑操作次数。$\text{dis}_{A,B}(i,j)$ 的计算方法如下：

$$\text{dis}_{A,B}(i,j) = \begin{cases} i, & j = 0 \\ j, & i = 0 \\ \min\left[\text{dis}_{A,B}(i-1,j)+1, \text{dis}_{A,B}(i,j-1)+1, \right. \\ \left. \text{dis}_{A,B}(i-1,j-1)+\delta(A_i,B_j)\right], & \text{其他} \end{cases} \tag{2.1}$$

如果 $A_i = B_j$，则 $\delta(A_i, B_j) = 0$；否则 $\delta(A_i, B_j) = 1$。

下面以 what 与 watch 的编辑距离计算为例进行说明。

1）计算 $j = 0$ 或 $i = 0$ 时 what 与 watch 的编辑距离，其结果如图 2.1 所示。

2）逐行计算 what 与 watch 编辑距离的二维矩阵。首先以 $\text{dis}_{A,B}(1,1)$ 为例进行说明，由于 what 与 watch 的第一个字符均为 w，因此 $\delta(A_1,B_1) = 0$，故而 $\text{dis}_{A,B}(1,1) = \min[\text{dis}_{A,B}(0,1)+1, \text{dis}_{A,B}(1,0)+1, \text{dis}_{A,B}(0,0)+0] = 0$；由于 watch 的第二个字符为 a，而 what 的第一个字符为 w，因此 $\delta(A_1,B_2) = 1$，故而 $\text{dis}_{A,B}(1,2) = \min[\text{dis}_{A,B}(1,1)+1, \text{dis}_{A,B}(0,2)+1, \text{dis}_{A,B}(0,1)+1] = 1$。依此类推，对 $\text{dis}_{A,B}(1,3)$、$\text{dis}_{A,B}(1,4)$ 和

$\text{dis}_{A,B}(1,5)$ 逐一进行计算，其结果分别为 2、3 和 4。

3）计算 $\text{dis}_{A,B}(2,1)$、$\text{dis}_{A,B}(2,2)$、$\text{dis}_{A,B}(2,3)$、$\text{dis}_{A,B}(2,4)$ 和 $\text{dis}_{A,B}(2,5)$ 的值以及二维矩阵其他所有元素的值。其计算结果如图 2.2 所示。

		w	a	t	c	h
		0	1	2	3	4	5
w	1						
h	2						
a	3						
t	4						

		w	a	t	c	h
		0	1	2	3	4	5
w	1	0	1	2	3	4
h	2	1	1	2	3	3
a	3	2	1	2	3	4
t	4	3	2	1	2	3

图 2.1　i=0 或 j=0 时 watch 与 what 的　　　图 2.2　watch 与 what 的编辑距离的
编辑距离计算结果　　　　　　　　　二维矩阵

从图 2.2 可知，watch 与 what 的编辑距离为 3，这是因为 watch 经过一次插入操作可以变为 whatch，经过两次删除操作变为 what。从图 2.2 中也可以知道 $\text{dis}_{A,B}(2,2)=1$，即 wa 和 wh 的编辑距离为 1，这是因为 wa 经过一次替换操作就可以变为 wh。

从上面的实例不难看出，在两个字符串的长度不相等的情况下，也可以计算它们的编辑距离。但汉明距离必须在两个等长字符串的情况下进行计算。汉明距离是由美国科学家 Richard Wesley Hamming（理查德·卫斯里·汉明）提出的，是指两个字符串对应位置的不同字符的个数，即一个字符串变成另外一个字符串所需要替换的字符个数。例如，1001001 与 1010000 的汉明距离为 3；而 watch 与 which 的汉明距离为 2，这是因为 watch 与 which 有两个字符不同；而 watch 与 what 无法计算汉明距离，这是因为 watch 与 what 的长度不一致。

显然无论是汉明距离为 0 还是编辑距离为 0，都表示两个字符串完全一致，因此若近似匹配中阈值为 0，则自动变为一个精确匹配，故而与精确匹配相比，近似匹配是更一般性问题，或者精确匹配可以视为近似匹配的一个特例。

2.1.2　按照出现的约束类型进行划分

本小节将举例说明如何按照出现的约束类型进行划分。

例 2.1　给定模式 $P = p_1[\min_1,\max_1]p_2[\min_2,\max_2]p_3 = A[0,1]C[0,1]A$，$P$ 在序列 $S = s_1s_2s_3s_4s_5s_6s_7s_8 = \text{ACAACACA}$ 中的出现数为 5，如图 2.3 所示。

在传统形式的模式匹配中，仅仅考虑构成出现的最后位置，而不考虑构成出现的其他位置，这种传统形式的模式匹配被称为宽松模式匹配[16-17]。由于从图 2.3 中可以看出，模式 P 的最后一个子模式 p_3 在序列 S 中出现的位置分别为 3、4、6 和 8，因此在传统的模式匹配下，该问题最多有 4 个出现（实际上，通常采用 3 和 6 作为本实例的出现）。

$$
\begin{array}{llllllll}
1 & 2 & 3 & 4 & 5 & 6 & 7 & 8
\end{array}
$$

									出现位置描述
$S=$	A	C	A	A	C	A	C	A	
	A	C	A						第1种出现 <1,2,3>
	A	C	·	A					第2种出现 <1,2,4>
			A	·	C	A			第3种出现 <3,5,6>
				A	C	A			第4种出现 <4,5,6>
						A	C	A	第5种出现 <6,7,8>

图 2.3　模式在序列中出现情况

从图 2.3 中可以看出，模式 P 在序列 S 中存在 5 种不同形式的出现。因此与传统形式相比，图 2.3 细致地考虑了出现的构成，我们称其为严格模式匹配[18]。例如，在传统形式下，仅仅需要知道在位置 6 能够形成一个出现即可，而不必考虑如何形成出现。本书所讨论的模式匹配均为严格模式匹配。

定义 2.3（出现）　模式 $P=p_1[\min_1,\max_1]p_2\cdots[\min_{j-1},\max_{j-1}]p_j\cdots[\min_{m-1},\max_{m-1}]p_m$ 在序列 S 中的出现 I 是一个位置序列 $I=<i_1,i_2,\cdots,i_j,\cdots,i_m>$，其中 i_j 是一个 $1\sim n$ 的数值，若其满足 $p_j=s_{i_j}$ 且满足间隙约束公式（2.2），那么称位置序列 I 是一个出现。

$$
\min_j \leqslant i_j - i_{j-1} - 1 \leqslant \max_j \tag{2.2}
$$

在严格模式匹配中，目前存在 3 种方法统计出现：无特殊条件[19]、一次性条件[20-21]和无重叠条件[22-23]，下面用例 2.2～例 2.4 分别加以说明。

例 2.2　无特殊条件的间隙约束模式匹配。本例采用例 2.1 进行说明。

无特殊条件是相对于一次性条件和无重叠条件而言的，是指模式在序列中的所有出现均可以使用，即对出现没有任何约束的方式。因此，例 2.1 中模式 P 在序列 S 的出现数为 5，即全部 5 个出现均是无特殊条件下的出现，即<1,2,3>、<1,2,4>、<3,5,6>、<4,5,6>和<6,7,8>。

例 2.3　一次性条件的间隙约束模式匹配。本例采用例 2.1 进行说明。

一次性条件是指序列中 s_i 只能被任意模式子串最多使用一次[24-25]。在例 2.1 中，在一次性条件下，模式 P 在序列 S 的出现数为 2，即两个出现：{<1,2,3>、<4,5,6>}或{<1,2,4>、<3,5,6>}（由于序列长度为 8，模式长度为 3，因此一次性条件下出现数最大值为 $8/3\approx2.66$，即理论上最多只能有 2 个出现）。在本实例中存在两组不同的解，它们的出现数均为 2，任意找出其中一组即可。

例 2.4　无重叠条件的间隙约束模式匹配。本例采用例 2.1 进行说明。

无重叠条件是指序列中 s_i 只能被模式子串 p_j 最多使用一次，与一次性条件不同之处在于，如果 j 不等于 k，无重叠条件下序列中 s_i 可以匹配 p_j 或 p_k[12]。在例 2.1 中，出现<1,2,3>和出现<1,2,4>构成了重叠出现，因为 s_1 被 p_1 使用了两次，同时 s_2 被 p_2 使用了两次。只要存在 s_i 被同一个 p_j 使用多次，即视为重叠出现。出现<1,2,3>和出现<3,5,6>则构成了无重叠出现，这是因为尽管 s_3 被使用两次，但

是分别被 p_3 和 p_1 使用。所以，例 2.1 中共有 3 个无重叠出现{<1,2,3>、<3,5,6>、<6,7,8>}，同时 {<1,2,3>、<4,5,6>、<6,7,8>}也是一组无重叠出现。与一次性条件的间隙约束模式匹配一样，无重叠条件的间隙约束模式匹配也可能存在多种解，在本实例中也存在两组不同的解，任意找出其中一组即可。

通过上面的实例不难看出，无特殊条件的约束性是最弱的，一次性条件的约束性是最强的，而无重叠条件的约束性介于上述两者之间。

2.1.3　按照间隙的类型进行划分

含有间隙约束通配符的模式可以写作 $p_1[\min_1,\max_1]p_2\cdots[\min_{j-1},\max_{j-1}]p_j\cdots[\min_{m-1},\max_{m-1}]p_m$ 的形式，这里 $2\leqslant j\leqslant m$ 且 $\min_j\leqslant\max_j$，通常认为 $\min_j$ 不小于 0，即 $0\leqslant\min_j$。如果没有此约束，即 $\min_j$ 可以小于 0，甚至 $\max_j$ 也可以小于 0，那么此时这个间隙约束被称为一般间隙约束[23]。只要在间隙约束的模式中有一组间隙约束为一般间隙约束，那么模式 P 就被称为一般间隙模式，否则模式 P 被称为非负间隙模式。例如，模式 a[0,2]b[0,2]c 可以称为非负间隙模式，模式 a[-1,2]b[0,2]c 则被称为一般间隙模式。

随着对具有间隙约束模式匹配问题的深入研究，人们逐渐认识到一般间隙模式匹配问题的重要性。Myers[26]最早对一般间隙模式匹配问题进行了研究；Navarro 和 Raffinot[8]指出更加一般化且求解难度更大的模式匹配研究是一般间隙模式匹配；Fredriksson 和 Grabowski 先后在 2006 年和 2008 年对一般间隙的模式匹配问题进行了研究，并在音乐信息检索和蛋白质序列匹配等问题中进行了应用[27-28]。但上述一般间隙模式匹配研究均属于宽松模式匹配。

一般间隙研究求解难度更大，但更具有实际意义。在非负间隙作用下，模式子串 p_{j+1} 在序列串中的对应位置只能大于 p_j 在序列串中的对应位置，因此在查找一个出现的过程中，仅仅需要从左向右（从前向后）单向扫描即可；而在负间隙作用下，这种关系并不成立，因此在查找一个出现的过程中，不能单向扫描，可能需要回溯负间隙个字符，这样在整体的模式匹配过程中，就可能存在多次往复的回溯过程。此外，在非负间隙作用下，出现中的最小值和最大值分别是出现的第一个值和最后一个值，这样在处理长度约束时，易于控制并处理；而在负间隙作用下，出现中最小值和最大值的位置可能是出现中的任何一个位置，更为极端的情况是出现中最小值在最后，而最大值在开始。综上，一般间隙问题难点在于匹配过程中有多次往复回溯现象且长度约束难于处理，因此该问题的求解难度更大。在应用方面，基于消费者的购买模式的相似性，可以进行购买模式的挖掘[29]，但这种序列模式挖掘在非负间隙作用下相当于约定了消费者的购买次序，然而不同消费者之间很难具有相同的购买次序，因而采用一般间隙序列模式挖掘将有助于发现更多有价值的模式，而如前分析知，具有间隙约束的序列模式挖掘的核心与基础是具有间隙约束的模式匹配[30]。综上，一般间隙模式匹配较非负间隙模式匹配具有更大的求解难度和实际意义。

2.1.4　本节小结

本节首先给出了间隙约束模式串的定义；然后按照匹配的类型将模式匹配分为精确匹配和近似匹配，其中在近似匹配中介绍了编辑距离和汉明距离；之后，按照出现的约束类型进行了划分，将模式匹配问题分为宽松模式匹配和严格模式匹配，并指出传统意义模式匹配对应于宽松模式匹配，即用出现的尾部位置描述一个出现；而严格模式匹配可以进一步细分为 3 种形式：无特殊条件、一次性条件和无重叠条件，上述 3 种形式均采用一组值来逐一描述各个子模式在序列中的位置；最后，按照间隙的类型进行了划分，将间隙类型划分为非负间隙和一般间隙，其中一般间隙是指间隙值可以为负数的情况。

2.2　无特殊条件下精确模式匹配问题

本节给出无特殊条件下精确模式匹配问题的定义和求解算法，该问题是此类问题的研究基础，其他后续问题都可以视为在本问题基础上进行的研究。

2.2.1　问题定义及分析

定义 2.4（精确无特殊条件的模式匹配问题）　该问题是指含有间隙约束通配符的模式 P 在序列 S 中所有出现的个数（数量），用 $N(P,S)$ 表示[3,31]。

该问题可以采用诸如数组结构或其他结构进行求解，但是由于网树结构不但可以求解该问题，而且更有利于求解一次性条件和无重叠条件的模式匹配问题，为了便于读者对后续章节内容的学习和理解，本问题采用网树结构进行求解。如何采用数组结构对该问题进行求解，请读者自行思考。

2.2.2　求解算法

根据例 2.1 给定的模式 P 和序列 S，其对应创建的网树如图 2.4 所示。

是否能在第 j 层（$j>1$）创建结点 i，不仅取决于 s_i 与 p_j 是否相同，还取决于第 $j-1$ 层是否存在结点 t 与结点 i 满足间隙约束（$\min_{j-1} \leqslant i-t-1 \leqslant \max_{j-1}$）。若对第 $j-1$ 层所有结点进行扫描，会造成大量无用的操作。例如，图 2.4 中，当扫描到 s_7 时，易知 $s_7 = p_2$。但是若从网树第 1 层结点开始扫描，则需要对 n_1^1、n_1^3、n_1^4 和 n_1^6 共 4 个结点进行扫描。依据[0,1]间隙可知，结点 n_1^4 及其以前结点均不可能构成 n_2^7 的双亲结点，因此无须对这些结点进行扫描和计算，为此采用"可行双亲起点"的概念来进行标记。

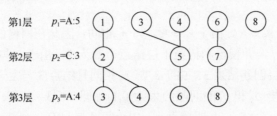

图 2.4　例 2.1 对应的网树

注：图中结点名称的数字表示其在序列 S 的位置下标。

定义 2.5（可行双亲起点）　若网树第 j 层（$j>1$）可以创建结点 i，其在第 $j-1$ 层的双亲结点的可行起点位置称为可行双亲起点，存放在数组元素 start[$j-1$] 中，用于表明网树第 $j-1$ 层中的第 start[$j-1$] 个结点。其更新方式如下：令第 start[$j-1$] 个结点存储的结点名称为 t，即该结点描述的字符为 s_t，若 $i-t-1>\max_{j-1}$，则 start[$j-1$]进行自增，直到结点 t 与结点 i 满足间隙约束 $\min_{j-1} \leqslant i-t-1 \leqslant \max_{j-1}$ 为止。

由于网树第 1 层为树根层，该层结点无双亲结点，因此第 1 层结点无可行双亲起点。

规则 2.1　如果 s_i 与 p_1 相同，则可以在网树的第 1 层创建结点 i，并自增第 1 层网树结点的数目。

规则 2.2　如果 s_i 与 p_j 相同（$j>1$），则首先按照定义 2.5 对其可行双亲起点进行更新，若其与第 $j-1$ 层的第 k 个结点 t（这里 k 为 i 的可行双亲结点，即 $k=$start[$j-1$]）满足间隙约束，即 $\min_{j-1} \leqslant i-t-1 \leqslant \max_{j-1}$，则在第 j 层创建结点 i，并与上层第 k 个结点建立双亲孩子关系，并自增第 j 层网树结点的数目；然后将 k 自增，并继续判定第 $j-1$ 层的第 k 个结点与当前结点 i 是否满足间隙约束，若满足间隙约束，则使第 $j-1$ 层第 k 个结点与结点 n_i^j 之间建立双亲孩子关系，直至遍历到第 $j-1$ 层的最后一个结点为止。

例 2.5　本例介绍如何将一个模式匹配问题转化为一棵网树，依然采用例 2.1 进行说明。其具体操作如下：

1）读入 $s_1 = $ A，由于 s_1 与 p_1 相同，即 $s_1 = p_1$，因此在网树的第 1 层创建一个结点 1，即结点 n_1^1；由于 s_1 与 p_2 不同，因此结束对 s_1 的处理。此时设置网树第 1 层结点数为 1，且 start[1]=1。

2）继续读入字符，由于 $s_2 = $ C，与 p_1 不同，因此不能在网树的第 1 层创建结点 2；由于 s_2 与 p_2 相同且结点 2 与第 1 层的第 1 个结点 n_1^1 满足当前间隙约束，这里 p_1 和 p_2 的间隙约束为[0,1]，即 $0 \leqslant 2-1-1=0 \leqslant 1$，因此可以在网树的第 2 层创建结点 2，即结点 n_2^2；由于第一层只有 1 个结点，因此结点 n_2^2 只有 1 个双亲结点；

又由于 s_2 与 p_3 不同,因此结束对 s_2 的处理。此时设置网树第 2 层结点数为 1,且 start[2]=1。

3)读入字符 $s_3 = \mathrm{A}$,由于 $s_3 = \mathrm{A}$,与 p_1 相同,因此在网树的第 1 层创建一个结点 3,即结点 n_1^3,并使得网树第 1 层结点个数为 2;由于 s_3 与 p_2 不同,因此不能在网树的第 2 层创建结点 3;由于 s_3 与 p_3 相同且结点 3 与上一层结点 2 满足当前间隙约束,这里 p_2 和 p_3 的间隙约束为[0,1],即 $0 \leqslant 3-2-1=0 \leqslant 1$,因此在网树的第 3 层创建一个结点 3,即结点 n_3^3。由于第 2 层只有 1 个结点,因此结点 n_3^3 只有 1 个双亲结点;此时设置 start[3]=1。

4)读入字符 $s_4 = \mathrm{A}$,其处理过程与字符 s_3 的处理过程完全相同,因此可以在第 1 层创建一个结点 4,即结点 n_1^4,并使得网树第 1 层结点个数为 3;以及在网树的第 3 层创建一个结点 4,即结点 n_3^4,并使得网树第 3 层结点数为 2。这里详细过程不再赘述。

5)读入字符 $s_5 = \mathrm{C}$,由于 s_5 与 p_1 不同,因此不能在网树的第 1 层创建结点 5;但是由于 s_5 与 p_2 相同,而且第 1 层的可行起点 start[1]为 1,即第 1 层的第 1 个结点 n_1^1,由于 $5-1-1=3>1$,不满足间隙约束,依据定义 2.5 需要对 start[1]进行自增,使得 start[1]为 2;因为网树的第 1 层第 2 个结点为 n_1^3,且 $0 \leqslant 5-3-1=1 \leqslant 1$,满足间隙约束,因此在网树的第 2 层创建结点 n_2^5,并使得结点 n_2^5 的第 1 个双亲为结点 n_1^3;又由于此时网树第 1 层共有 3 个结点,继续判定结点 n_2^5 与第 1 层的结点 n_1^4 是否满足间隙约束,当前为 $0 \leqslant 5-4-1=0 \leqslant 1$,满足间隙约束,因此结点 n_2^5 的第 2 个双亲为结点;由于第 1 层结点已经遍历完毕,因此结束对结点 n_2^5 双亲结点的查找和创建工作。此时,网树第 2 层结点个数由 1 个变为 2 个;又由于 s_5 与 p_3 不同,因此结束对 s_5 的处理。

依此类推,可以创建其余的网树结点,直至最终获得图 2.4 所示的网树。显然本算法只需一遍扫描序列,就可以创建这棵网树。网树创建算法如下:

算法 2.1 网树创建算法(creating nettree, CNtree)

输入:模式 P 和序列 S

输出:网树 Nettree

1:初始化 Nettree 各层结点数目为 0;

2:for i=1 to n

3:　　　检查是否满足规则 2.1,若满足,则按照规则 2.1 进行处理,在 Nettree 第 1 层创建网树结点 n_1^i,并自增第 1 层网树结点的数目;

4:　　　for j=2 to m

5:　　　　　检查是否满足规则 2.2,若满足,则按照规则 2.2 进行处理,在 Nettree 第 j 层创建网树结点 n_j^i,并自增第 j 层网树结点的数目;

6:　　　Next j

7:Next i

```
8:Return Nettree;
```

由网树的定义可知，一个网树结点到网树的树根结点可能有很多路径，为了便于计算当前结点到达树根结点的路径数，定义"树根路径数"的概念。

定义 2.6（树根路径数） 第 j 层结点 t 到达树根结点的路径数称为树根路径数，记为 $N_r(n_j^t)$ 。显然，若当前结点 t 自身就是树根结点，则记为 1，否则当前结点 t 的树根路径数是其所有双亲结点的树根路径数之和，计算如下：

$$N_r(n_j^t) = \begin{cases} 1, & j = 1 \\ \sum_{k=1}^{a} N_r(n_{j-1}^{t_k}), & j > 1 \end{cases} \tag{2.3}$$

式中，$n_{j-1}^{t_k}$ 为 n_j^t 的第 k 个双亲。

性质 2.1 模式 P 在序列 S 中出现的数量 $N(P,S)$ 是网树第 m 层所有叶子结点 $n_m^{t_k}$ 的树根路径数之和，即 $N(P,S) = \sum_{k=1}^{l} N_r(n_m^{t_k})$ 。

下面用例 2.6 来说明如何采用网树结构求解无特殊条件下精确模式匹配问题。

例 2.6 本例采用例 2.1 说明在网树上如何求解无特殊条件下精确模式匹配问题。

通过例 2.5 知道如何将一个无特殊条件下精确模式匹配问题转化为一棵网树，下面介绍如何在网树中求解该问题。当建立第 1 层结点 1 时，依据式（2.3）可知 $N_r(n_1^1)=1$ ；当建立结点 n_2^2 时，由于该结点只有一个双亲结点 n_1^1，因此 $N_r(n_2^2) = N_r(n_1^1) = 1$ 。当建立结点 n_2^5 时，该结点有两个双亲结点 n_1^3 和 n_1^4，又由于 $N_r(n_1^3) = N_r(n_1^4) = 1$，因此依据式（2.3）可知，$N_r(n_2^5) = N_r(n_1^3) + N_r(n_1^4) = 2$ 。依此类推，可以计算所有网树结点的树根路径数，其结果如图 2.5 中的灰色圆圈所示。从图 2.5 中不难看出，在网树的第 3 层上有 4 个叶子结点，其树根路径数分别是 1、1、2 和 1，因此例 2.1 中模式 P 在序列 S 的出现数是 1+1+2+1=5。这与例 2.1 实际所具有的出现数是一致的。

需要强调的是，实际在求解无特殊条件下精确模式匹配问题时，并非先创建网树，再计算所有网树结点的树根路径数，最后累加第 m 层叶子结点的树根路径数之和，以实现问题的求解；而是一边建立网树结点，一边计算每个结点的树根路径数，如果当前结点为网树的第 m 层叶子结点，则直接累加该结点的树根路径和，以实现问题的求解。本节之所以将其分成两个实例进行讲解，是为了简化后续章节中网树的创建过程，后文不再赘述。

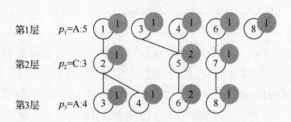

图 2.5　例 2.1 对应的含树根路径数标记的网树

下面给出求解网树无特殊条件下精确模式匹配问题的算法。

算法 2.2　求解网树无特殊条件下精确模式匹配问题（nettree for pattern matching with gap constraints, NPMG）

输入：模式 P 和序列 S

输出：出现数 N(P,S)

1: 初始化 Nettree 各层结点数目及开始数目 start 均为 0；

2: for i=1 to n

3:　　检查是否满足规则 2.1，若满足，则按照规则 2.1 进行处理，并按照式（2.3）计算其树根路径数；

4:　　for j=2 to m

5:　　　　检查是否满足规则 2.2，若满足，则按照规则 2.2 进行处理，并按照式（2.3）计算其树根路径数；

6:　　Next j

7:　　$N(P,S)+=N_r(n_m^i)$；

8: Next i

9: Return N(P,S)；

在算法 2.2 求解的问题中不涉及对出现的长度进行约束，这里一个出现的长度是指 $i_m - i_1 + 1$。如何在长度约束（$\text{MinLen} \leqslant i_m - i_1 + 1 \leqslant \text{MaxLen}$）下进行求解，请读者思考。

定理 2.1　NPMG 算法的最坏情况下空间复杂度为 $O(nmW)$，这里 n、m 和 W 分别为序列长度、模式长度和最大间隙长度，W 即 $\max(\max_j - \min_j + 1)(1 \leqslant j \leqslant m-1)$。

证明：显然 NPMG 算法的空间开销主要用于存储网树。网树有 m 层数，这与模式长度是一致的；每层最多有 n 个结点，这与序列长度是一致的；每个结点最多有 W 个孩子结点，这与最大间隙长度是一致的。因此，最坏情况下，网树的空间复杂度为 $O(nmW)$。证毕。

定理 2.2　NPMG 算法的最坏情况下时间复杂度也为 $O(nmW)$。

证明：易知 NPMG 算法的时间复杂度与空间复杂度相同，因此其最坏情况下时间复杂度也为 $O(nmW)$。证毕。

引理 2.1　假定 I 是模式 P 在序列 S 中的一个出现，则 $i_m - i_1$ 最大值为 $(m-1)(W+1)$。

证明： 由于 P 共有 $m-1$ 个间隙约束，且 I 是模式 P 在序列 S 中的一个出现，因此，即 $i_2 - i_1 - 1 \leqslant W$、$i_3 - i_2 - 1 \leqslant W$、$\cdots$、$i_m - i_{m-1} - 1 \leqslant W$。将这 $m-1$ 个不等式相加，即可得到 $i_m - i_1 - (m-1) \leqslant (m-1)W$，于是 $i_m - i_1 \leqslant (m-1) + (m-1)W = (m-1)(W+1)$。证毕。

定理 2.3　$N(P,S)$ 最大情况可达指数级，即 $\left[n - (m-1)(W+1)\right]W^{(m-1)} < N(P,S) < nW^{(m-1)}$。

证明： 显然当序列串与模式表示的字符均相同的情况下，$N(P,S)$ 将取到最大值，此时，网树树根 n_1^1 有 W 个孩子，即树根 n_1^1 到其所有孩子结点有 W 条不同的路径；而每个孩子可以有 W 个孩子，因此树根 n_1^1 到其所有孙子结点有 $WW = W^2$ 条不同路径。依此类推，若序列长度 n 大于 $(m-1)(W+1)$ 的情况下，树根 n_1^1 到达第 m 层子孙结点有 $W^{(m-1)}$ 条不同的路径。但是到达网树的末尾时，树根 n_1^t（这里 $t > n - (m-1)(W+1)$）不能像结点 n_1^1 一样有 $W^{(m-1)}$ 条不同的到达第 m 层叶子结点的路径，因此 $N(P,S) < nW^{(m-1)}$ 成立。由引理 2.1 可知，与树根 n_1^1 相同的树根结点共有 $n - (m-1)(W+1)$ 个，因此 $\left[n - (m-1)(W+1)\right]W^{(m-1)} < N(P,S)$ 成立。证毕。

2.2.3　实验结果及分析

为了验证 $N(P,S)$ 是伴随模式长度的增加呈现指数形式增大的，序列串 S 采用全部为 a 的序列，长度为 128，模式 P 则分别选择 P_1=a[0,2]a[0,2]a、P_2=a[0,2]a[0,2]a[0,2]a、P_3=a[0,2]a[0,2]a[0,2]a[0,2]a、P_4=a[0,2]a[0,2]a[0,2]a[0,2]a[0,2]a、P_5=a[0,2]a[0,2]a[0,2]a[0,2]a[0,2]a[0,2]a 和 P_6=a[0,2]a[0,2]a[0,2]a[0,2]a[0,2]a[0,2]a[0,2]a。指数增长验证结果如表 2.1 所示。

表 2.1　指数增长验证结果

模式 P	序列 S	结果	比率
P_1=a[0,2]a[0,2]a	128 个 a	1116	
P_2=a[0,2]a[0,2]a[0,2]a	128 个 a	3294	2.952
P_3=a[0,2]a[0,2]a[0,2]a[0,2]a	128 个 a	9720	2.951
P_4=a[0,2]a[0,2]a[0,2]a[0,2]a[0,2]a	128 个 a	28674	2.950
P_5=a[0,2]a[0,2]a[0,2]a[0,2]a[0,2]a[0,2]a	128 个 a	84564	2.949
P_6=a[0,2]a[0,2]a[0,2]a[0,2]a[0,2]a[0,2]a[0,2]a	128 个 a	249318	2.948

表 2.1 中模式 P 的间隙约束均为[0,2]的形式，此时 $W = 2 - 0 + 1 = 3$。通过表 2.1 不难发现，伴随模式 P 长度的增加，其结果也呈近似指数形式增长。例如，$N(P_3,S)$=9720，而 $N(P_4,S)$=28674，因此其增长率为 $N(P_4,S)/N(P_3,S)$=2.950，而该

值较接近 W。这是因为伴随模式 P 长度的增加，即 m 的增大，会导致 $(m-1)(W+1)$ 数值的增大。进而，能够有 $W^{(m-1)}$ 条不同的到达第 m 层叶子结点路径的树根结点会减少，而少于 $W^{(m-1)}$ 条不同的到达第 m 层叶子结点路径的树根增多，因此递增的比率也会随之下降。表 2.1 呈现了这一趋势，如 $N(P_2,S)/N(P_1,S)\approx2.952$，而 $N(P_3,S)/N(P_2,S)\approx2.951$。

2.2.4　本节小结

本节首先给出了精确无特殊条件模式匹配问题的定义；然后，用实例阐明了采用网树求解该问题的基本原理；在此基础上，给出了网树创建算法和网树求解无特殊条件模式匹配问题的算法 NPMG；最后，理论分析了 NPMG 算法的时间复杂度与空间复杂度。

2.3　无特殊条件下近似模式匹配问题

本节给出在汉明距离及无特殊条件下近似模式匹配问题的定义，进而给出单根网树求解具有间隙约束的近似模式匹配（single-root nettree for approximate pattern matching with gap constraints，SONG），该问题与 2.2 节问题的主要差异在于模式匹配结果是否精确。

2.3.1　问题定义及分析

1. 问题定义

2.2 节介绍的是无特殊条件下精确模式匹配问题，与该问题相比，本节将对更一般性问题，即无特殊条件下近似模式匹配问题进行研究[32]。根据距离计算公式的不同，近似模式匹配可以分为汉明距离下近似模式匹配、编辑距离下近似模式匹配和 δ 近似模式匹配等。本节讨论在汉明距离及无特殊条件下近似模式匹配问题。

定义 2.7（汉明距离）　给定 2 个序列 $P=p_1p_2\cdots p_m$ 和 $Q=q_1q_2\cdots q_m$，如果序列 P、Q 中存在 k 个位置上相应的字符是不同的，即 $p_i\neq q_i(0\leq i<m)$，那么 P、Q 之间的汉明距离为 $k(0\leq k\leq m)$。用 $D(P,Q)$ 来表示 P 和 Q 之间的汉明距离。

定义 2.8（汉明距离下近似出现）　给定阈值 d，如果一个位置的索引 $I=<i_1,\cdots,i_j,\cdots,i_m>$ 满足下式：

$$D(p_1\cdots p_j\cdots p_m,S_{i_1}\cdots S_{i_j}\cdots S_{i_m})\leq d \tag{2.4}$$

$$0\leq \min_{j-1}\leq i_j-i_{j-1}-1\leq \max_{j-1} \tag{2.5}$$

$$0<\text{MinLen}\leq i_m-i_1+1\leq \text{MaxLen} \tag{2.6}$$

式中，$1 \leqslant j \leqslant m$，$1 \leqslant i_j \leqslant n$，则称 I 是 P 在 S 中的一个近似出现，其中 MinLen 和 MaxLen 被称为长度约束。

显然，所有的间隙约束能够决定 MinLen 的下界和 MaxLen 的上界，其值分别为 $m+\sum\limits_{k=1}^{m-1}\min_k$ 和 $m+\sum\limits_{k=1}^{m-1}\max_k$。

定义 2.9（无特殊条件下近似模式匹配问题）　给定模式 P、序列 S 和近似度阈值 d，本节求解问题是计算模式 P 在序列 S 中满足近似度阈值 d 的近似出现总数，用 $N(P,S,d)$ 表示。

为了考虑近似性约束，定义近似数和近似分支数的概念。

定义 2.10（子出现，近似数）　一个子出现是一个出现的一组前缀位置索引。假设集合 E_s 中的元素是从 r 到 i 的所有长度为 j 的子出现，其每个元素和子模式 $p_1p_2\cdots p_j$ 之间的距离不大于 d，则集合 E_s 的元素个数称为近似数，用 $N_s(r,i,j)$ 表示，且 $N_s(r,r,1)=1$。

定义 2.11（近似分支数）　设集合 E_b 中的元素是从 r 到 i 的所有长度为 $j+1$ 的子出现，其每个元素和子模式 $p_1p_2\cdots p_j$ 之间的距离为 $t(0 \leqslant t \leqslant d)$，则集合 E_b 的元素个数称为近似分支数，用 $N_b(r,i,j,d)$ 表示。定义 $N_b(r,r,1,0)=\begin{cases}1, & p_1=s_r \\ 0, & 其他\end{cases}$，

$N_b(r,r,1,1)=\begin{cases}1, & p_1 \neq s_r \\ 0, & 其他\end{cases}$ 及 $N_b(r,r,1,t)=0(2 \leqslant t \leqslant d)$。显然，$N_s(r,i,j)=\sum\limits_{t=0}^{d}N_b(r,i,j,t)$。

给出如下实例对上述概念加以说明。

例 2.7　给定 P=a[0,2]g[1,3]a，S=atggaga，d=1，MinLen=4 及 MaxLen=8。

易知<1,2,5>是 P 在 S 中的一个近似出现；而<1,2,4>却不是一个近似出现，因为 $p_2 \neq s_2$，$p_3 \neq s_4$，因此 $D(p_1p_2p_3,s_1s_2s_4)=2$，不满足 d=1 的近似约束。<1>和<1,2>是<1,2,5>的两个子出现。由于以 1 开始，以 5 结束存在 2 个出现，即<1,2,5>和<1,3,5>，且这两个出现与 P 之间的距离分别为 1 和 0，因此根据定义 2.11 可知 $N_b(1,5,3,0)=1$ 且 $N_b(1,5,3,1)=1$，进而可知 $N_s(1,5,3)$ 等于 2。

2. 问题的理论分析

用 $M(P,S,d)$ 表示与模式 P 的距离为 $d(0 \leqslant d \leqslant m)$ 的近似出现的数量，可知 $N(P,S,d)=M(P,S,0)+M(P,S,1)+\cdots+M(P,S,d)$。设序列 S 使用字符集大小为 λ，在各个字符等概率分布的情况下，每个字符的精确匹配概率为 $1/\lambda$，容易看出存在 $C_m^d \times (\lambda-1)^d$ 个模式，这些模式到 P 的距离为 d。因此，$M(P,S,d)$ 的计算可以转换为 $C_m^d \times (\lambda-1)^d$ 个精确模式匹配问题，从而可得 $M(P,S,d)/N(P,S,m)=C_m^d \times [(\lambda-1)/\lambda]^d \times (1/\lambda)^{m-d}$。在这种情况下，$M(P,S,d)/N(P,S,m)$ 明显服从 m 和 $(\lambda-1)/\lambda$ 的二项式

分布，即 $M(P,S,d)/N(P,S,m)\sim B[m,(\lambda-1)/\lambda]$。然而一般情况下，真实序列中字符出现是不均等的（如 DNA、RNA 等），这里用 $V(c_1)$，$V(c_2)$，$\cdots$，$V(c_\lambda)$ 表示字符 $c_1,c_2,\cdots,c_\lambda$ 在序列 S 中出现的概率。因此，模式 P 中字符 c_l ($1\leqslant l\leqslant\lambda$) 在序列 S 中匹配的概率近似为 $V(c_l)$。若用 $U(c_l)$ 表示字符 c_l 在模式 P 中出现的概率，则选择模式 P 中的字符 c_l 与序列 S 成功匹配的概率可以近似表示为 $U(c_l)\times V(c_l)$。因此可知，模式 P 中字符成功匹配序列 S 中字符的平均概率可近似表示为 $q=\sum\limits_{l=1}^{\lambda}U(c_l)\times V(c_l)$。因此，$M(P,S,d)/N(P,S,m)$ 近似服从 m 和 $1-q$ 的二项式分布，即 $M(P,S,d)/N(P,S,m)\sim B(m,1-q)$。

显然 $M(P,S,0)$ 是一个精确模式匹配的例子，2.2 节中已经请读者思考了如何对此问题进行求解。如果 $M(P,S,0)$ 已知，则 $M(P,S,d)$ 和 $N(P,S,d)$ ($0<d\leqslant m$) 能够很容易地被估算。为了正确地计算 $M(P,S,d)$ 和 $N(P,S,d)$，接下来给出一个有效的算法。

2.3.2　单根网树及求解算法

为了解决此问题，必须处理以下 3 种约束：长度约束、间隙约束和近似约束。如果同时处理上述 3 种约束，算法将会变得非常复杂，因此采用如下策略。

1）为了处理长度约束，序列 S 中的开始位置 b 被用来根据长度约束计算结束位置 e 的范围。因此，每一个从 b 到 e 的子序列均满足该长度约束。

2）由于网树能够被用来有效地求解间隙约束问题，因此这里应用网树来求解子序列中的间隙约束问题；又由于这些子序列都有共同的起始位置 b，因此采用仅有一个根的单根网树进行求解。

3）使用近似数和近似分支数等特殊概念来处理单根网树中的近似约束。

1. 单根网树及其创建方法

定义 2.12（单根网树）　　单根网树是仅有一个根的网树。

图 2.6 所示为一棵单根网树。单根网树具有一个根：n_1^1。与网树一样，同名标签的结点可以在不同层上多次出现。例如，标签为 4 的结点出现在第 2 层和第 3 层，分别用 n_2^4 和 n_3^4 表示。一些结点具有多个双亲，如结点 n_3^5 有两个双亲，即结点 n_2^2 和 n_2^3。结点 n_3^4、n_3^5 和 n_3^6 是单根网树上的 3 个叶子结点。从根结点 n_1^1 到结点 n_3^5 有两条路径，分别是 $<n_1^1,n_2^2,n_3^5>$ 和 $<n_1^1,n_2^3,n_3^5>$（简记为 <1,2,5> 和 <1,3,5>）。

假设序列索引在 $1\sim n$ 变化。如果按照根从小到大的顺序逐一创建单根网树，易知 1 是单根网树的第一个根。由于在间隙约束和长度约束作用下，序列尾部很多字符是无法满足长度约束的，因此在这种情况下必须计算根的范围。

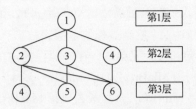

第1层

第2层

第3层

图 2.6　一棵单根网树

定义 2.13（最大根）　满足长度约束和间隙约束的最大的根记作 max root，用 MaxRt 表示。

引理 2.2　最大根可以通过式（2.7）进行计算：

$$\text{MaxRt} = \min\left(n - \text{MinLen} + 1, n - m - \sum_{k=1}^{m-1}\min_k \right) \qquad (2.7)$$

证明：由于序列长度为 n，在最小长度约束下最大的开始位置是 $n - \text{MinLen} + 1$。同理，根据间隙约束可知另一个 max root 的上界是 $n - m - \sum_{k=1}^{m-1}\min_k$，因此根据式（2.7）可以计算 max root。证毕。

显然，解决模式长度为 m 的模式匹配问题可以采用多棵深度为 m 的单根网树解决。如果给定一个单根网树的根，则可以根据长度约束和间隙约束来计算第 m 层叶子的范围。

定义 2.14（单根网树的最小叶子和最大叶子）　单根网树的树根为 n_1^r，其第 m 层的最小叶子和最大叶子分别用 $\text{MinLf}(n_1^r)$ 和 $\text{MaxLf}(n_1^r)$ 表示。

引理 2.3　最小叶子 $\text{MinLf}(n_1^r)$ 和最大叶子 $\text{MaxLf}(n_1^r)$ 可以通过式（2.8）和式（2.9）进行计算：

$$\text{MinLf}(n_1^r) = \max\left(r + \text{MinLen} - 1, r + m - 1 + \sum_{k=1}^{m-1}\min_k \right) \qquad (2.8)$$

$$\text{MaxLf}(n_1^r) = \min\left(r + \text{MaxLen} - 1, r + m - 1 + \sum_{k=1}^{m-1}\max_k, n \right) \qquad (2.9)$$

证明：如果开始的位置是 r，根据长度约束可知最小的结束位置为 $r + \text{MinLen} - 1$。同理，根据间隙约束可知 $\text{MinLf}(n_1^r)$ 的另一个下界为 $r + m - 1 + \sum_{k=1}^{m-1}\min_k$。因此，根 n_1^r 的 $\text{MinLf}(n_1^r)$ 可以根据式（2.8）进行计算。当计算根为 n_1^r 的单根网树的 $\text{MaxLf}(n_1^r)$ 时，不仅要考虑长度和间隙约束，而且还应该考虑序列的长度。根据长度和间隙约束，$\text{MaxLf}(n_1^r)$ 的上界分别为 $r + \text{MaxLen} - 1$ 和 $r + m - 1 + \sum_{k=1}^{m-1}\max_k$。同时，$\text{MaxLf}(n_1^r)$ 一

定不大于 n。因此，根据式（2.9）可以计算 $\text{MaxLf}(n_1^r)$。证毕。

下面，确定单根网树中第 j 层结点标签范围。

定义 2.15（最小兄弟和最大兄弟） 在一棵根为 n_1^r 的单根网树中，第 j 层的最小兄弟和最大兄弟分别用 $\text{MinBr}(n_1^r, j)$ 和 $\text{MaxBr}(n_1^r, j)$ 表示。

引理 2.4 最小兄弟 $\text{MinBr}(n_1^r, j)$ 和最大兄弟 $\text{MaxBr}(n_1^r,\ j)$ $(2 \leqslant j < m)$ 可以通过式（2.10）和式（2.11）进行计算：

$$\text{MinBr}(n_1^r, j) = \max\left(r + j - 1 + \sum_{k=1}^{j-1} \min_k, \text{MinLf}(n_1^r) - m + j - \sum_{k=j}^{m-1} \max_k \right) \quad (2.10)$$

$$\text{MaxBr}(n_1^r, j) = \min\left(r + j - 1 + \sum_{k=1}^{j-1} \max_k, \text{MinLf}(n_1^r) - m + j - \sum_{k=j}^{m-1} \min_k \right) \quad (2.11)$$

证明： 单根网树的第 j 层对应的子模式为 p_j，可知子模式 $p_1[\min_1, \max_1]p_2 \cdots [\min_{j-1}, \max_{j-1}]p_j$ 的最小跨度是 $j + \sum_{k=1}^{j-1} \min_k$。因此，根据间隙约束，从根 r 向下到第 j 层 $\text{MinBr}(n_1^r, j)$ 的最小下界是 $r + j - 1 + \sum_{k=1}^{j-1} \min_k$。同理，子模式 $p_j[\min_j, \max_j]p_{j+1} \cdots [\min_{m-1}, \max_{m-1}]p_m$ 的最大跨度是 $m - j + 1 + \sum_{k=j}^{m-1} \max_k$。当已知最小叶子是 $\text{MinLf}(n_1^r)$ 时，从最小叶子向上到第 j 层的 $\text{MinBr}(n_1^r, j)$ 的最小下界为 $\text{MinLf}(n_1^r) - m + j - \sum_{k=j}^{m-1} \max_k$。综上，$\text{MinBr}(n_1^r, j)$ 可以根据式（2.10）计算。同理，易知式（2.11）的正确性。证毕。

最后计算每个结点的孩子范围，从而可以据此创建单根网树。

定义 2.16（最小孩子和最大孩子） 在一棵根为 n_1^r 的单根网树中，结点 n_j^i 的最小孩子和最大孩子被分别记作 $\text{MinChd}(n_j^i,\ n_1^r)$ 和 $\text{MaxChd}(n_j^i,\ n_1^r)$。

引理 2.5 $\text{MinChd}(n_j^i,\ n_1^r)$ 和 $\text{MaxChd}(n_j^i,\ n_1^r)$ $(1 \leqslant j < m)$ 可以通过式（2.12）和式（2.13）进行计算：

$$\text{MinChd}(n_j^i, n_1^r) = \max\left[i + 1 + \min_j, \text{MinBr}(n_1^r, j+1) \right] \quad (2.12)$$

$$\text{MaxChd}(n_j^i, n_1^r) = \max\left[i + 1 + \max_j, \text{MaxBr}(n_1^r, j+1) \right] \quad (2.13)$$

证明： 根据第 j 组间隙约束，易知 n_j^i 的第一个孩子是 $i + 1 + \min_j$。然而，第一个孩子在第 $j+1$ 层，由最小兄弟概念可知，第一个孩子不能小于第 $j+1$ 层的最小兄弟 $\text{MinBr}(n_1^r, j+1)$，所以根据式（2.12）可以计算 $\text{MinChd}(n_j^i,\ n_1^r)$。同理，易知式（2.13）的正确性。证毕。

例 2.8　给定与例 2.7 相同的模式 P 和序列 S，即 P=a[0,2]g[1,3]a 和 S=atggaga。本例中，MinLen 和 MaxLen 分别为 4 和 6。下面根据上述概念和引理创建一个以 1 为树根的单根网树。

根据模式和序列，可知 $\min_1=0$、$\max_1=2$、$\min_2=1$、$\max_2=3$、$m=3$ 和 $n=7$。

步骤 1：确定单根网树的树根。易知单根网树的树根为 1，即 n_1^1。

步骤 2：确定单根网树的叶子。根据式（2.8），当 r 是 1 时，可以计算得到 $1+4-1=4$ 和 $1+3-1+0+1=4$，所以 $\text{MinLf}(n_1^1)=\max(4,4)=4$。同理，$\text{MaxLf}(n_1^1)=\min(1+6-1,1+3-1+2+3,7)=6$。因此，此单根网树有 3 个叶子结点：$n_3^4$、$n_3^5$ 和 n_3^6。

步骤 3：确定每一层的最小兄弟和最大兄弟。由于 m 等于 3，因此仅仅需要计算第 2 层的最小兄弟和最大兄弟，根据式（2.10）和式（2.11），可得 $\text{MinBr}(n_1^1,2)=\max(1+2-1+0,4-3+2-3)=2$，$\text{MaxBr}(n_1^1,2)=\min(1+2-1+2,4-3+2-1)=4$。因此，结点 n_2^2、n_2^3 和 n_2^4 是第 2 层的 3 个结点。

步骤 4：计算每一个结点的孩子结点。根据式（2.12）可得结点 n_1^1 的最小孩子为 $\max(1+1+0,2)=2$，根据式（2.13）可得结点 n_1^1 的最大孩子为 $\min(1+1+2,4)=4$，所以树根 n_1^1 有 3 个孩子：n_2^2、n_2^3 和 n_2^4。同理，可知结点 n_2^2 有 3 个孩子：n_3^4、n_3^5 和 n_3^6；结点 n_2^3 有 2 个孩子：n_3^5 和 n_3^6；结点 n_2^4 仅有 1 个孩子：n_3^6。该单根网树如图 2.6 所示。

根据引理 2.2～引理 2.4，根结点为 n_1^r 的单根网树中的每一个结点都满足长度约束。设从根 n_1^r 到叶子 $n_m^{i_m}$ 的一条树根—叶子路径为 $<n_1^r,n_2^{i_2},\cdots,n_m^{i_m}>$，根据引理 2.5 可知，$a_{j-1}\leqslant i_j-i_{j-1}-1\leqslant b_{j-1}(1<j\leqslant m)$。因此，如果 $D(p_1 p_2\cdots p_m,s_r s_{i_2}\cdots s_{i_m})$ 不大于 d，则路径 $<n_1^r,n_2^{i_2},\cdots,n_m^{i_m}>$ 是一个出现。下面考虑单根网树中的近似约束，当创建 n_{j-1}^k 的孩子时，根据 $N_b(n_1^r,n_{j-1}^k,j-1,t)$ 和 $N_s(n_1^r,n_{j-1}^k,j-1)$ 可以计算每一个孩子的近似分支数和近似数。定义 $N_b(n_1^r,n_j^i,j,t)$ 和 $N_s(n_1^r,n_j^i,j)$ 的初始值均为 0。

引理 2.6　设 n_j^i 是 n_{j-1}^k 的孩子，则近似分支数 $N_b(n_1^r,n_j^i,j,t)$ 和近似数 $N_s(n_1^r,n_j^i,j)$ 采用式（2.14）和式（2.15）进行更新：

$$N_b(n_1^r,n_j^i,j,t)$$
$$=\begin{cases} N_b(n_1^r,n_j^i,j,t)+N_b(n_1^r,n_{j-1}^k,j-1,t), & p_j=s_i\ (\forall t:0\leqslant t\leqslant d) \\ N_b(n_1^r,n_j^i,j,t)+N_b(n_1^r,n_{j-1}^k,j-1,t-1), & p_j\neq s_i\ (\forall t:1\leqslant t\leqslant d) \end{cases} \quad (2.14)$$

$$N_s(n_1^r, n_j^i, j)$$

$$= \begin{cases} N_s(n_1^r, n_j^i, j) + N_s(n_1^r, n_{j-1}^k, j-1), & p_j = s_i \\ N_s(n_1^r, n_j^i, j) + N_s(n_1^r, n_{j-1}^k, j-1) - N_b(n_1^r, n_{j-1}^k, j-1, d), & p_j \neq s_i \end{cases} \tag{2.15}$$

证明：如果 $p_j = s_i$，则 $N_b(n_1^r, n_j^i, j, t)$ 是从 n_1^r 到 n_j^i 经过 n_{j-1}^k 所有长度为 $j-1$ 和距离为 t 的路径数之和。因此，当计算 n_{j-1}^k 孩子的 $N_b(n_1^r, n_j^i, j, t)$ 和 $N_s(n_1^r, n_j^i, j)$ 时，$N_b(n_1^r, n_j^i, j, t)$ 和 $N_s(n_1^r, n_j^i, j)$ 可以分别根据 $N_b(n_1^r, n_j^i, j, t) + N_b(n_1^r, n_{j-1}^k, j-1, t)$ 和 $N_s(n_1^r, n_j^i, j) + N_s(n_1^r, n_{j-1}^k, j-1)$ 进行更新。

如果 $p_j \neq s_i$，则 $N_b(n_1^r, n_j^i, j, t)$ 是从 n_1^r 到 n_j^i 经过 n_{j-1}^k 所有长度为 $j-1$ 和距离为 $t-1$ 的路径数之和。因此，$N_b(n_1^r, n_j^i, j, t)$ 可以根据 $N_b(n_1^r, n_j^i, j, t) + N_b(n_1^r, n_{j-1}^k, j-1, t-1)$ 进行更新。由于 $N_s(n_1^r, n_{j-1}^k, j-1)$ 等于 $\sum_{t=0}^{d} N_b(n_1^r, n_{j-1}^k, j-1, t)$，因此 $\sum_{t=0}^{d-1} N_b(n_1^r, n_{j-1}^k, j-1, t)$ 等于 $N_s(n_1^r, n_{j-1}^k, j-1) - N_b(n_1^r, n_{j-1}^k, j-1, d)$。因此，$N_s(n_1^r, n_j^i, j)$ 可以根据 $N_s(n_1^r, n_j^i, j) + N_s(n_1^r, n_{j-1}^k, j-1) - N_b(n_1^r, n_{j-1}^k, j-1, d)$ 进行更新。证毕。

根据引理 2.6，可以逐层计算每个结点的近似数，从而得到每个叶子的近似数。下面计算满足近似约束的单根网树的树根—叶子路径数。

定义 2.17（单根网树的解）　　从根 n_1^r 到其所有叶子满足近似约束的路径数称为以 n_1^r 为单根网树的解，记作 $R_s(n_1^r)$。

引理 2.7　　$R_s(n_1^r)$ 可以通过式（2.16）进行计算：

$$R_s(n_1^r) = \sum_{h=\text{MinLf}(n_1^r)}^{\text{MaxLf}(n_1^r)} N_s(n_1^r, n_m^h, m) \tag{2.16}$$

证明：假设 n_m^h 是根为 n_1^r 的单根网树的叶子结点，可知 $N_s(n_1^r, n_m^h, m)$ 是从根 n_1^r 到结点 n_m^h 长度为 m 的近似数，其中 h 在 $\text{MinLf}(n_1^r)$ 到 $\text{MaxLf}(n_1^r)$ 之间变化。$R_s(n_1^r)$ 可以根据式（2.16）进行计算。证毕。

最后，应用每一个单根网树根的 root solution 来求解该问题。

引理 2.8　　$N(P,S,d)$ 可以根据式（2.17）进行计算：

$$N(P,S,d) = \sum_{r=1}^{\text{MaxRt}} R_s(n_1^r) \tag{2.17}$$

证明：该问题的解是 r 从 1 到 MaxRt 的 $R_s(n_1^r)$ 之和，因为 $R_s(n_1^r)$ 是在近似约束下从根 n_1^r 到其所有叶子的路径数。因此，$N(P,S,d)$ 可以通过式（2.17）计算得到。证毕。

定理 2.4　　如果 $N_s(n_1^r, n_j^{i_j}, j)$ 为 0，则结点 $n_j^{i_j}$ 没有孩子，这意味着可以将以结

点 $n_j^{i_j}$ 为根的子网树剪除。

证明：设从根结点 n_1^r 经过结点 $n_j^{i_j}$ 到结点 $n_k^{i_k}$ 的路径为 $<n_1^r, n_2^{i_2}, \cdots, n_j^{i_j}, \cdots, n_k^{i_k}>$，容易看出 $D(p_1 p_2 \cdots p_j, s_r s_{i_2} \cdots s_{i_j})$ 不大于 $D(p_1 p_2 \cdots p_k, s_r s_{i_2} \cdots s_{i_k})$，即 $D(p_1 p_2 \cdots p_j, s_r s_{i_2} \cdots s_{i_j}) \leqslant D(p_1 p_2 \cdots p_k, s_r s_{i_2} \cdots s_{i_k})$。如果 $N_s(n_1^r, n_j^{i_j}, j)$ 等于 0，则路径 $<n_1^r, n_2^{i_2} \cdots, n_j^{i_j}>$ 和它对应子模式之间的距离大于 d，即 $D(p_1 p_2 \cdots p_j, s_r s_{i_2} \cdots s_{i_j}) > d$，则 $D(p_1 p_2 \cdots p_j \cdots p_k, s_r s_{i_2} \cdots s_{i_j} \cdots s_{i_k})$ 大于 d，故 $N_s(n_1^r, n_k^{i_k}, k)$ 等于 0。因为结点 $n_k^{i_k}$ 的删除不影响其叶子的近似数，所以结点 $n_j^{i_j}$ 没有孩子。因此，可以安全删除以 $n_j^{i_j}$ 为根的子网树。证毕。

2. 运行实例

例 2.9　采用 $P = p_1 [0,2] p_2 [1,3] p_3 = a[0,2]g[1,3]a$，$S = s_1 s_2 s_3 s_4 s_5 s_6 s_7 = atggaga$，MinLen=4，MaxLen=6，$d$=1 来说明 SONG 的工作原理。

图 2.6 为根为 n_1^1 的单根网树。由于 $s_1 = a = p_1 = a$，根据 SONG 的第 2 行可知 $N_s(n_1^1, n_1^1, 1) = 1$、$N_b(n_1^1, n_1^1, 1, 0) = 1$ 和 $N_b(n_1^1, n_1^1, 1, 1) = 0$，可知结点 n_1^1 有 3 个孩子：n_2^2、n_2^3 和 n_2^4。因为 $s_2 = t \neq p_2 = g$，根据 SONG 的第 12 行得到 $N_s(n_1^1, n_2^2, 2) = 1$、$N_b(n_1^1, n_2^2, 2, 0) = 0$ 和 $N_b(n_1^1, n_2^2, 2, 1) = 1$。同理可知 $N_s(n_1^1, n_2^3, 2) = 1$、$N_b(n_1^1, n_2^3, 2, 0) = 1$、$N_b(n_1^1, n_2^3, 2, 1) = 0$、$N_s(n_1^1, n_2^4, 2) = 1$、$N_b(n_1^1, n_2^4, 2, 0) = 1$ 和 $N_b(n_1^1, n_2^4, 2, 1) = 0$。

现在计算结点 n_3^5 的近似数和近似分支数，其有两个双亲：结点 n_2^2 和 n_2^3。当根据其双亲结点 n_2^2 更新结点 n_3^5 的近似数和近似分支数时，可知 $N_s(n_1^1, n_3^5, 3) = N_s(n_1^1, n_3^5, 3) + N_s(n_1^1, n_2^2, 2) = 1$、$N_b(n_1^1, n_3^5, 3, 0) = N_b(n_1^1, n_3^5, 3, 0) + N_b(n_1^1, n_2^2, 2, 0) = 0$ 和 $N_b(n_1^1, n_3^5, 3, 1) = N_b(n_1^1, n_3^5, 3, 1) + N_b(n_1^1, n_2^2, 2, 1) = 1$，$s_4 = g = p_2 = g$。同理，根据其另一个双亲结点 n_2^3 更新孩子结点 n_3^5 的近似数和近似分支数。$N_s(n_1^1, n_3^5, 3)$、$N_b(n_1^1, n_3^5, 3, 0)$ 和 $N_b(n_1^1, n_3^5, 3, 1)$ 分别为 1+1=2、0+1=1 和 1+0=1。

因此，可以计算每一个结点的近似数和近似分支数。图 2.7（a）显示了根为 n_1^1 的单根网树及其各个结点的近似数和近似分支数，在每一个结点的顶部有 3 个数字，其含义分别为结点 n_j^i 的近似数、t=0 的近似分支数、t=1 的近似分支数。例如，在结点 n_3^6 的顶部数字 2,{0,2} 所代表的含义分别是 $N_s(n_1^1, n_3^6, 3)$ 和 $\{N_b(n_1^1, n_3^6, 3, 0), N_b(n_1^1, n_3^6, 3, 1)\}$。根据 SONG 算法的第 16 行计算得 $R_s(n_1^1)$ 为 0+2+2=4。

同理，用 n_1^2、n_1^3 和 n_1^4 为根结点可以创建 3 棵单根网树，分别如图 2.7（b）～（d）所示。根据定理 2.4，在根为 n_1^2、n_1^3 和 n_1^4 的单根网树中所有的结点 n_2^5 都没有孩子结点，因此 SONG 是一个有效的算法，因为它采用有效的剪枝策略。根据 SONG 的第 16 行可以计算 $R_s(n_1^2)$、$R_s(n_1^3)$ 和 $R_s(n_1^4)$，其分别为 1+0+2=3、0+1=1 和 0。

因此，根据 SONG 的第 18 行可得 $N(P,S,d)$ 为 4+3+1+0=8。

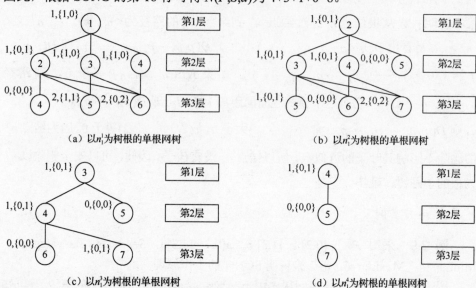

图 2.7　单根网树

可以枚举出所有的 8 个近似出现，即<1,2,5>、<1,3,5>、<1,3,6>、<1,4,6>、<2,3,5>、<2,3,7>、<2,4,7>和<3,4,7>，从而验证 SONG 算法的正确性。

3. 求解算法

基于上述概念、引理和定理，算法 2.3 给出了求解 SONG 算法。

算法 2.3　SONG 算法
输入：模式 P，序列 S，长度约束 MinLen 和 MaxLen，近似度阈值 d
输出：N(P,S,d)

```
1:for (r=1; r<=MaxRt; r++)
2:    创建子网树树根 n_i^r，并依据定义 2.10 和定义 2.11 分别初始化树根结点
      的近似数 N_s(n_i^r,n_i^r,1) 和近似分支数 N_b(n_i^r,n_i^r,1,d)；
3:    依据式（2.8）和式（2.9）分别计算树根 n_i^r 的最小叶子 MinLf(n_i^r) 和最
      大叶子 MaxLf(n_i^r)；
4:    for (j=2; j<=m; j++)
5:        依据式（2.10）和式（2.11）分别计算根 n_i^r 的第 j 层最小兄弟 MinBr
          (n_i^r,j) 和最大兄弟 MaxBr(n_i^r,j)；
6:        依据最小兄弟 MinBr(n_i^r,j) 和最大兄弟 MaxBr(n_i^r,j) 初始化第 j 层
          网树结点；
7:            for (u=1;u<=MaxBr(n_i^r,j)-MinBr(n_i^r,j)+1;u++)
```

```
8:               k 为网树第 j 层的第 u 个结点;
9:               if Ns(n₁ʳ,nⱼᵏ,j)=0 continue;   //根据定理2.4进行剪枝
10:              依据式（2.12）和式（2.13）分别计算结点 nⱼᵏ 的最小孩子
                 MinChd(nⱼᵏ,n₁ʳ)和最大孩子 MaxChd(nⱼᵏ,n₁ʳ);
11:              for(i=MinChd(nⱼᵏ,n₁ʳ); i<=MaxChd(nⱼᵏ,n₁ʳ); i++)
12:                 依据式（2.14）和式（2.15）分别更新结点 nⱼⁱ 的近似分支
                    数 Nb(n₁ʳ,nⱼⁱ,j,d)和近似数 Ns(n₁ʳ,nⱼⁱ,j);
13:              end for
14:           end for
15:       end for
16:       依据式（2.16）计算单根网树的解 Rs(n₁ʳ);
17:end for
18:依据式（2.17）计算近似模式匹配问题的出现数 N(P,S,d);
```

4. SONG 算法分析

定理 2.5　SONG 算法最坏情况下的空间复杂度是 $O(m^2Wd)$，其中 m、W 和 d 分别为模式长度、最大间隙和近似约束。

证明：单根网树是逐一建立的，正如 SONG 算法所示在任何时刻内存中不会存在多于一个的单根网树。由于单根网树在第 j 层 $(1<j\leqslant m)$ 有不多于 $(j-1)W$ 个的结点，因此其有 $O(m^2W)$ 个结点。又由于每一个结点有 $d+1$ 个近似分支数和 1 个近似数，因此 SONG 算法最坏情况下的空间复杂度为 $O(m^2Wd)$。证毕。

定理 2.6　SONG 算法最坏情况下的时间复杂度为 $O[(n-m)m^2W^2d]$。

证明：SONG 算法的时间复杂度分析如下。第 1 行的迭代次数为 $O(n-m)$，因为需要创建不多于 $n-m+1$ 棵单根网树。第 2 行的时间是一个常数。第 3 行的时间复杂度是 $O(m)$。第 4 行的迭代次数是 $O(m)$。第 5 行的时间复杂度是 $O(m)$。第 6 行的时间复杂度是 $O(mWd)$，因为每层有 $O(mW)$ 个结点。第 7 行的迭代次数为 $O(mW)$。第 8~10 行耗费时间为常数。第 11 行的迭代次数为 $O(W)$，因为一个结点有不多于 W 个孩子。第 12 行的时间复杂度为 $O(d)$，因为 t 不大于 d。第 16 行和第 18 行的时间复杂度分别为 $O(mW)$ 和 $O(n-m)$。因此，SONG 算法最坏情况下的总体时间复杂度为 $O[(n-m)m^2W^2d]$。

2.3.3　实验结果及分析

1. 实验环境及数据

在真实生物数据上对算法进行测试。所有的实验在 Windows 7、Intel® Core™ 2 Duo CPU T7100、主频 1.80GHz 和内存 1.0GB 的笔记本计算机上进行。

所有算法采用 Visual C++ 6.0 编写。为了验证提出算法的性能，采用由美国国家生物信息中心提供的 8 个真实生物序列（表 2.2），然后选择表 2.3 所示的 9 个模式进行实验。

表 2.2　H1N1 病毒序列片段

序列	片段号	位点	长度
S_1	Segment1	CY058563	2286
S_2	Segment2	CY058562	2299
S_3	Segment3	CY058561	2169
S_4	Segment4	CY058556	1720
S_5	Segment5	CY058559	1516
S_6	Segment6	CY058558	1418
S_7	Segment7	CY058557	982
S_8	Segment8	CY058560	844

表 2.3　模式

名称	模式
P_1	a[0,3]t[0,3]a[0,3]t[0,3]a[0,3]t[0,3]a[0,3]t[0,3]a[0,3]t[0,3]a
P_2	g[1,5]t[0,6]a[2,7]g[3,9]t[2,5]a[4,9]g[1,8]t[2,9]a
P_3	g[1,9]t[1,9]a[1,9]g[1,9]t[1,9]a[1,9]g[1,9]t[1,9]a[1,9]g[1,9]t
P_4	g[1,5]t[0,6]a[2,7]g[3,9]t[2,5]a[4,9]g[1,8]t[2,9]a[1,9]g[1,9]t
P_5	a[0,10]a[0,10]t[0,10]c[0,10]g[0,10]g
P_6	a[0,5]t[0,7]c[0,9]g[0,11]g
P_7	a[0,5]t[0,7]c[0,6]g[0,8]t[0,7]c[0,9]g
P_8	a[5,6]c[4,7]g[3,8]t[2,8]a[1,7]c[0,9]g
P_9	c[0,5]t[0,5]g[0,5]a[0,5]a

2. 实验结果的理论分析

首先对算法的正确性进行验证。

选择序列 $S_1 \sim S_4$、模式 Q_1=a[0,2]g[1,3]a 和 d=1 来说明 $N(P,S,d)$ 和 $M(P,S,t)$ $(0 \leqslant t \leqslant d)$ 之间的关系。根据问题的理论分析可知，$N(Q_1,S,1)=M(Q_1,S,0)+M(Q_1,S,1)$。由于 Q_1 和 λ 的长度分别为 3 和 4，因此存在 $(\lambda-1)m=3 \times 3=9$ 个模式到 Q_1 的距离是 1，分别为 Q_2=c[0,2]g[1,3]a、Q_3=g[0,2]g[1,3]a、Q_4=t[0,2]g[1,3]a、Q_5=a[0,2]a[1,3]a、Q_6=a[0,2]c[1,3]a、Q_7=a[0,2]t[1,3]a、Q_8=a[0,2]g[1,3]c、Q_9=a[0,2][1,3]g 和 Q_{10}=a[0,2]g[1,3]t。表 2.4 给出了 $N(P,S,0)$ 的值。

表 2.4　不同模式下 $N(P,S,0)$ 的值

序列	$N(P,S,0)$										总和
	Q_1	Q_2	Q_3	Q_4	Q_5	Q_6	Q_7	Q_8	Q_9	Q_{10}	
S_1	682	286	497	432	774	392	490	341	485	403	4782
S_2	608	249	401	400	1006	501	530	330	366	408	4799
S_3	556	243	410	436	659	393	490	353	383	325	4248
S_4	460	197	288	356	658	323	499	198	263	290	3532

采用 SONG 算法，可知 $N(Q_1,S_1,1)$、$N(Q_1,S_2,1)$、$N(Q_1,S_3,1)$ 和 $N(Q_1,S_4,1)$ 分别为 4782、4799、4248 和 3532，模式 Q_1 到 Q_{10} 在序列 S_1、S_2、S_3 和 S_4 中的结果总和分别为 4782、4799、4248 和 3532。因此，这些结果验证了 $N(P,S,1)=M(P,S,0)+M(P,S,1)$ 的正确性，并侧面验证了 SONG 算法的正确性。

接下来，对算法的性能进行验证。

借鉴独立通配符间隙模式匹配（pattern matching with independent wildcard gaps，PAIG）算法，基于动态规划思想设计一个名为 PAIG-APPRO 的算法。PAIG 采用一个三维数组，其时间和空间复杂度分别为 $O(nm^2W^2)$ 和 $O(nmW)$。与 PAIG 不同，PAIG-APPRO 由于需要去处理近似约束，因此采用一个四维数组，其时间和空间复杂度分别为 $O(nm^2W^2d)$ 和 $O(nmWd)$。为了验证 SONG 剪枝策略的有效性，删除 SONG 的第 9 行，设计出 SONG-Nonp 算法。为了说明 PAIG-APPRO、SONG-Nonp 和 SONG 这 3 个算法的性能，应用模式 $P_1 \sim P_9$、序列 $S_1 \sim S_8$，这样可以组合产生 72 个实例。在这些实例中，MinLen、MaxLen 和 d 分别为 20、40 和 2。因为这 3 个算法均为完备性算法，所以这里省略了挖掘结果，而仅仅比较这 72 个实例的运行时间（图 2.8）。值得注意的是，PAIG-APPRO 的运行时间使用左边的时间数据轴，而其他算法使用右边的时间数据轴。

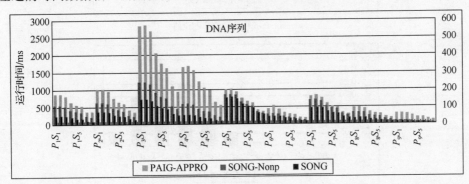

图 2.8　算法运行时间比较

从图 2.8 中可以看出，SONG 比其他算法更有效。例如，PAIG-APPRO、

SONG-Nonp 和 SONG 在 S_1 中 P_1 上的运行时间分别为 828ms、112ms 和 53ms。在本例中，SONG 的速度是 PAIG-APPRO 的约 15.6 倍，是 SONG-Nonp 的约 2.1 倍。为了求解 72 个实例，PAIG-APPRO、SONG-Nonp 和 SONG 分别花费 53s、6s 和 3.7s。因此，在 72 个实例上，SONG 的速度分别是 PAIG-APPRO 和 SONG-Nonp 的 14.3 倍和 1.6 倍。虽然 SONG、SONG-Nonp 和 PAIG-APPRO 具有相同的时间复杂度，但是 SONG 采用多种剪枝策略，避免了大量无意义的计算，是最有效的算法。具体分析如下：SONG 是比 SONG-Nonp 更有效的算法，这是因为 SONG 采用定理 2.4 进行有效的剪枝，因此一些子网树能够被剪除。SONG 也比 PAIG-APPRO 快，这是因为 SONG 仅仅计算非零结点的值，而 PAIG-APPRO 需要在大多数值为零的一个四维数组上进行计算。

3. 二项式分布

为了探索真实生物序列中模式 $M(P,S,d)/N(P,S,m)$ 的分布，图 2.9（a）～（d）分别给出了 P_1-S_1、P_2-S_2、P_3-S_3 和 P_4-S_4 中 $M(P,S,d)/N(P,S,m)$ 的实际值和理论值的对比结果。这里理论值简记为 TR，其服从 $B[m, 1-U(a)V(a)-U(t)V(t)-U(c)V(c)-U(g)V(g)]$ 的二项式分布，其中 $U(a)$ 和 $V(a)$ 分别为 a 在模式和序列中的概率，$U(t)$ 和 $V(t)$、$U(c)$ 和 $V(c)$ 及 $U(g)$ 和 $V(g)$ 的含义相似，不再赘述。

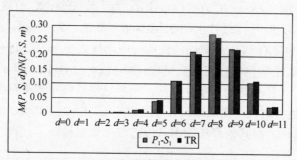

（a）P_1-S_1 中实际值和理论值

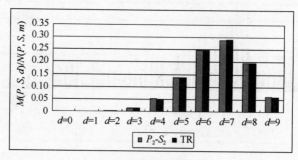

（b）P_2-S_2 中实际值和理论值

图 2.9　$M(P,S,d)/N(P,S,m)$ 的实际值和理论值的对比结果

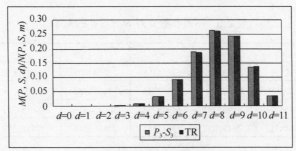

（c）P_3-S_3中实际值和理论值

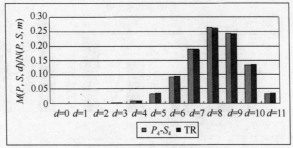

（d）P_4-S_4中实际值和理论值

图 2.9（续）

从图 2.9 中可以发现，尽管在图 2.9（b）～（d）中 $M(P,S,d)/N(P,S,m)$ 的实际值和理论值非常近似，但是在图 2.9（a）中当 d=8 时的实际值比理论值略高。尽管如此，该差异始终在 1% 允许的误差范围内。由于对于所有的 d，实际值和理论值一般相同，因此在生物序列中 $M(P,S,d)/N(P,S,m)$ 近似服从 $B[m,1-U(a)V(a)-U(t)V(t)-U(c)V(c)-U(g)V(g)]$ 的二项式分布。同时，通过对比图 2.9（c）和图 2.9（d）中的 P_3 和 P_4，可知模式中的间隙对于服从 $B[m,1-U(a)V(a)-U(t)V(t)-U(c)V(c)-U(g)V(g)]$ 二项式分布的 $M(P,S,d)/N(P,S,m)$ 没有重要影响。这是因为 a、t、c 和 g 在被选序列中是随机分布的。

根据这个原则，如果 $M(P,S,0)$ 已知，就可以很容易地估算 $M(P,S,d)$ 和 $N(P,S,d)$ $(0<d\leqslant m)$。例如，P_3 的长度和 $M(P_3,S,0)$ 分别为 11 和 2991637，则可以估算出 $M(P_3,S,3)$ 和 $N(P_3,S,11)$ 实际值分别大约为 1.09×10^{10} 和 7.27×10^{12}，而 $M(P_3,S,3)$ 和 $N(P_3,S,11)$ 的实际值分别大约为 1.06×10^{10} 和 7.35×10^{12}。这验证了这种方法进行估算的可行性。

4. 近似约束评价

这里采用模式 P_2 和序列 S_1～S_4 来说明参数 d 对 $N(P,S,d)$ 和 SONG 运行时间的影响。表 2.5 和图 2.10 分别给出了不同 d（0～6）下，$N(P,S,d)$ 和 SONG 的运行时间的变化。

表 2.5　不同参数 d 对 $N(P,S,d)$ 的影响

序列	$d=0$	$d=1$	$d=2$	$d=3$	$d=4$	$d=5$	$d=6$
S_1	23397	718175	9283388	68215198	321073601	1026305321	2311005598
S_2	47546	1088973	11665944	76552765	337558762	1041566230	2308607725
S_3	28722	765497	9197628	64998756	300404923	956184272	2160599453
S_4	25691	644831	7611195	53585581	246565547	778125582	1739500658

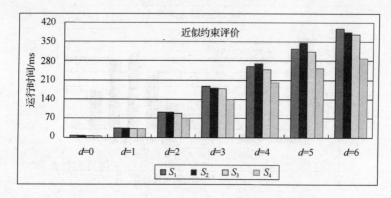

图 2.10　不同参数 d 对 SONG 运行时间的影响

从表 2.5 可知，随着 d 的增加，$N(P,S,d)$ 呈快速上升的趋势。根据问题定义可知，$M(P,S,t)$ 可以用 $C_m^t(\lambda-1)^t$ 个与 P 的距离为 t 的模式表示，因此 $M(P,S,t)$ 会伴随 t 的增加而快速地增加。相应地，由于 $N(P,S,d)$ 是 $M(P,S,t)(0\leq t\leq d)$ 之和，因此随着 d 的增加 $N(P,S,d)$ 快速增长。

从图 2.10 中可以看出，SONG 的运行时间随着 d 的增加近似呈线性增长，这是因为 SONG 的时间复杂度是 $O[(n-m)m^2W^2d]$。特别是，当 d 从 0 增加到 3 时，运行时间的增长率有明显增加；而当 d 从 3 增长到 6 时，增长率相对不太明显。这种差异是定理 2.4 剪枝子网树带来的。当 d 越大，剪枝的子网树数量越少。因此，当 d 接近模式长度时，定理 2.4 会在很小程度上影响 SONG 的运行时间。因此，上述实验验证了随着 d 的变化，SONG 时间复杂度变化的正确性。

5. 局部约束评价

这里说明 W 对 $N(P,S,d)$ 和 SONG 运行时间的影响。这里使用 10 个模式，其与模式 P_1 仅仅是间隙约束不同，这些模式被写作 Q_{xy} 的形式，其中 x 和 y 分别为最小和最大的间隙。例如，Q_{12} 为 a[1,2]t[1,2]a[1,2]t[1,2]a[1,2]t[1,2]a[1,2]t[1,2]a[1,2]t[1,2]a。表 2.6 和图 2.11 分别给出了不同 W 下，$N(P,S,d)$ 和 SONG 运行时间的变化。

表 2.6　不同 W 对 $N(P,S,d)$ 的影响

序列	模式									
	Q_{01}	Q_{02}	Q_{03}	Q_{04}	Q_{05}	Q_{12}	Q_{13}	Q_{14}	Q_{15}	Q_{16}
S_1	327	22687	456913	5103735	36706713	405	31627	800307	7706700	42511798
S_2	442	33988	542888	5616088	42037304	860	31741	685563	8205722	53559645
S_3	250	26682	443385	4209139	30561934	702	30676	577601	6296132	40895241
S_4	288	32055	659353	7888908	51679713	367	43002	986975	9692799	63947998

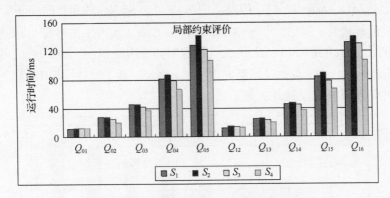

图 2.11　不同 W 对 SONG 运行时间的影响

从表 2.6 可知，当 W 增加时，$N(P,S,d)$ 迅速增长。易知 $N(P,S,d)$ 的上界是 $O[(n-m)W^{m-1}]$，所以，当 W 增加时，$N(P,S,d)$ 迅速增长。实验结果也验证了这一现象。从图 2.11 可知，当 W 相同时，无论最小间隙是多少，SONG 的运行时间几乎相同。例如，当 W 等于 2 时，在所有的 4 个序列中对于模式 Q_{02} 和 Q_{13}，SONG 的运行时间大概为 25ms。此外，从图 2.11 中还可以看出，SONG 的运行时间近似与 W 的平方成正比，这是因为 SONG 的时间复杂度为 $O[(n-m)m^2W^2d]$。所以，这些实验验证了 SONG 时间复杂度的正确性。

6. 模式长度评价

这里说明 m 对 $N(P,S,d)$ 和 SONG 运行时间的影响。为了避免其他因素对结果产生影响，用长度为 m 的模式 P_1 的前缀子模式和序列 S_1～S_4 来进行说明。例如，当 m 为 5 时，模式为 a[0,3]t[0,3]a[0,3]t[0,3]a。表 2.7 和图 2.12 分别给出了不同 m(3～10) 下，$N(P,S,d)$ 和 SONG 运行时间的变化。

表 2.7　不同模式长度 m 对 $N(P,S,d)$ 的影响

序列	$m=3$	$m=4$	$m=5$	$m=6$	$m=7$	$m=8$	$m=9$	$m=10$
S_1	24202	44322	81499	110217	173004	209553	297309	337128
S_2	25107	48543	94055	127811	214381	244166	371856	377051
S_3	22734	42802	78702	111994	175387	210799	302521	317632
S_4	18757	37477	74823	112230	195905	243996	400642	441417

表 2.7 的结果证明了当 m 增加时，$N(P,S,d)$ 也会快速增加。虽然 SONG 的时间复杂度是 $O[(n-m)m^2W^2d]$，但是从图 2.12 可知 SONG 的运行时间随着 m 的增加几乎呈线性增长。例如，当 $m=3$、$m=4$ 和 $m=5$ 时，SONG 在序列 S_2 中的运行时间分别接近 5ms、10ms 和 15ms。造成这种现象的原因是 $O[(n-m)m^2W^2d]$ 是 SONG 的时间复杂度的上界，我们可以根据定理 2.4 删除一些子网树，所以实际上 SONG 的运行时间近似与 m 呈线性关系。

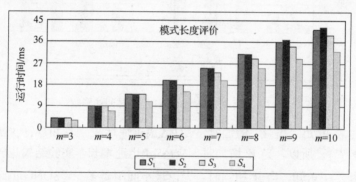

图 2.12　不同模式长度 m 对 SONG 运行时间的影响

7. 序列长度评价

采用长度为 300、600、900、1200、1500、1800 和 2100 的 S_1 的子序列和 $P_1\sim P_4$ 的模式来说明 n 如何影响 $N(P,S,d)$ 和 SONG 的运行时间，结果如表 2.8 和图 2.13 所示。

表 2.8　不同序列长度 n 对 $N(P,S,d)$ 的影响

模式	$n=300$	$n=600$	$n=900$	$n=1200$	$n=1500$	$n=1800$	$n=2100$
P_1	39042	163294	193151	243058	271743	387301	441717
P_2	691969	2132130	3627136	4738694	6178700	7561431	8620674
P_3	52440283	210952162	418907044	558519702	802285526	1005791483	1169065898
P_4	2981125	11210960	21857921	28776454	39328331	49369780	56288411

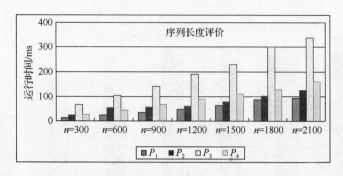

图 2.13　不同序列长度 n 对 SONG 运行时间的影响

表 2.8 的结果表明当 n 增加时，$N(P,S,d)$ 也会迅速增加。我们还注意到 $N(P_3,S,d)$ 远大于其他模式，其原因是 P_3 的 W 为 9，比其他模式大。实验结果也验证了上面提到的 W 的影响。从图 2.13 中可以知道，SONG 的运行时间几乎是随着 n 线性增长的。例如，SONG 在长度 $n=300$、$n=600$、$n=900$ 的序列中对于模式 P_3 的运行时间分别接近 50ms、100ms 和 150ms。这些实验结果验证了 SONG 时间复杂度的正确性。

8. 长度约束评价

这里说明长度约束如何影响 $N(P,S,d)$ 和 SONG 的运行时间。在这一部分中使用模式 P_1 和序列 $S_1 \sim S_4$。首先，设置模式 P_1 的出现的最大长度 MaxLen 为 41，并使用不同的 MinLen 值 11、15、19、23、27、31 和 35 来说明 MinLen 是如何影响 $N(P,S,d)$ 和 SONG 的运行时间的，其结果分别如表 2.9 和图 2.14 所示。然后，将模式 P_1 的出现的最小长度 Minlen 设置为 11，并使用不同的 MaxLen 值 14、18、22、26、30、34 和 38 来测试 MaxLen 如何影响 $N(P,S,d)$ 和 SONG 的运行时间，其结果分别如表 2.10 和图 2.15 所示。

表 2.9　不同最小长度约束 MinLen 对 $N(P,S,d)$ 的影响

序列	MinLen=11	MinLen=15	MinLen=19	MinLen=23	MinLen=27	MinLen=31	MinLen=35
S_1	456913	456887	452696	398618	224979	59994	7305
S_2	542888	542726	536283	465636	242518	48020	4224
S_3	443385	443302	439273	386845	210564	52640	4276
S_4	659353	659262	650915	562667	316390	92985	7964

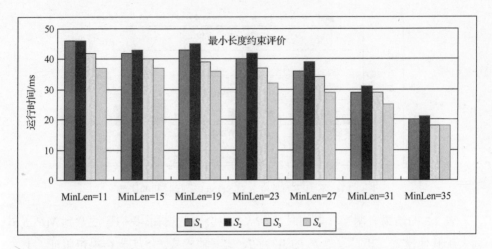

图 2.14　不同最小长度约束 MinLen 对 SONG 运行时间的影响

表 2.10　不同最大长度约束 MaxLen 对 $N(P,S,d)$ 的影响

序列	MaxLen=14	MaxLen=18	MaxLen=22	MaxLen=26	MaxLen=30	MaxLen=34	MaxLen=38
S_1	26	4217	58295	231934	396919	449608	456703
S_2	162	6605	77252	300370	494868	538664	542828
S_3	83	4112	56540	232821	390745	439109	443331
S_4	91	8438	96686	342963	566368	651389	659307

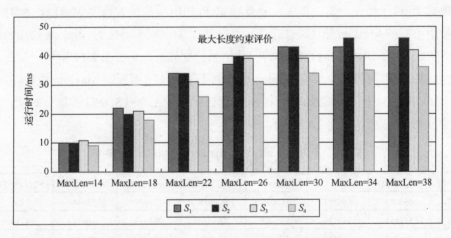

图 2.15　不同最大长度约束 MaxLen 对 SONG 算法运行时间的影响

　　我们知道，如果 MaxLen−MinLen+1 减小，$N(P,S,d)$ 也会迅速减小，因为伴随 MaxLen−MinLen+1 的减小，每棵单根网树的叶子和结点的数量也会减少，进而 SONG 的速度就会提高。如果 MinLen 增加，MaxLen−MinLen+1 将减少。因此，

$N(P,S,d)$越小，SONG 越快。例如，当 MinLen 为 31 时，S_1 的 $N(P,S,d)$为 59994，SONG 的运行时间约为 30ms；而当 MinLen 为 35 时，S_1 的 $N(P,S,d)$为 7305，SONG 的运行时间约为 20ms。在表 2.10 和图 2.15 中也可发现类似现象。例如，当 MaxLen 为 18 时，S_1 的 $N(P,S,d)$为 4217，SONG 的运行时间约为 20ms；而当 MaxLen 为 14 时，S_1 的 $N(P,S,d)$为 26，SONG 的运行时间约为 10ms，从而证明 MaxLen-MinLen+1 越小，$N(P,S,d)$越少，SONG 的速度越快。

从图 2.14 中可知，当 MinLen 是 11、15 和 19 时，SONG 的运行时间几乎是相同的。例如，当 MinLen 是 11、15 和 19 时，对于序列 S_1，SONG 的运行时间大约为 43ms，其原因在于当 MinLen 接近 $m+\sum_{k=0}^{m-2} a_k$ 时，只有少量结点能够被删除，因为它们不受长度约束的影响。类似地，图 2.15 中也可以观察到相同的现象。

综上，上述这些实验说明了 d、W、m、n、MinLen 和 MaxLen 对 $N(P,S,d)$的影响，并验证了 SONG 的高效性和正确性。

9. 蛋白质实验结果

为了评估 SONG-Nonp 和 SONG 的可扩展性，选择 7 个蛋白质数据库，它们的序列长度分别为 15000、30000、45000、60000、75000、90000 和 109424 的子序列。9 个模式（$Q_1 \sim Q_9$）为 g[1,15]t[1,15]a[1,15]a[1,15]t[1,15]a、m[3,15]g[3,39]e[3,35]f[0,10]g[0,15]t、a[0,5]t[0,7]c[0,9]g[0,11]g[0,10]v[0,10]g、a[0,10]v[0,10]g[0,10]a[0,15]c[0,15]t、c[0,15]t[0,15]e[0,15]a[0,15]a[0,8]g、t[0,10]v[0,10]g[0,15]t[0,15]e[0,5]c、r[0,10]g[0,10]y[0,15]a[0,15]a[0,9]e、t[0,12]g[0,12]y[0,10]g[0,15]t[0,8]c 和 a[0,12]t[0,12]g[0,12]g[0,12]y[0,10]g。

这里 MinLen、MaxLen 和 d 分别为 15、30 和 1。因此，使用 $Q_1 \sim Q_9$ 的模式和 $T_1 \sim T_7$ 的序列的 63 个实例来说明算法的可扩展性。图 2.16 给出了蛋白质序列上不同序列长度运行时间对比。

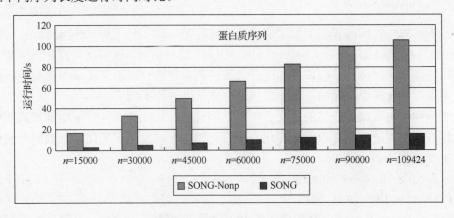

图 2.16　蛋白质序列上不同序列长度运行时间对比

从图 2.16 中可以很容易看出，SONG-Nonp 和 SONG 的运行时间随着 n 在蛋白质序列中增加呈线性增长。此外，SONG 是一个比 SONG-Nonp 更有效的算法。在求解所有 63 个实例时，SONG-Nonp 和 SONG 分别花费 453s 和 68s。因此，在蛋白质序列上，SONG 的速度是 SONG-Nonp 的约 6.7 倍。我们知道，在 DNA 序列中，SONG 的速度仅是 SONG-Nonp 的约 1.6 倍。造成这一现象的原因是，DNA 序列由 4 种字符构成，每种字符的发生概率为 1/4；而在蛋白质序列中发生概率为 1/20。因此，在蛋白质中，$N_s(n_1^r, n_j^i, j)$ 为 0 的概率比在 DNA 中要高。根据定理 2.4，在处理蛋白质序列时，将去除更多的子网树。因此，SONG 可以在蛋白质序列中获得更好的性能。

2.3.4　本节小结

本节首先给出了在汉明距离下无特殊条件近似模式匹配问题的定义，并对其近似出现的数量进行了理论分析；为了高效地求解该问题，提出了单根网树概念，并介绍了单根网树的生成方法；为进一步提高算法的求解效率，提出了完备性的剪枝策略；在此基础上，给出了问题的求解算法 SONG；之后，理论分析了 SONG 算法的时间复杂度与空间复杂度；最后，实验结果验证了 SONG 算法的完备性和高效性。

2.4　无特殊条件下一般间隙精确模式匹配问题

本节给出无特殊条件下一般间隙精确模式匹配问题的定义和求解算法，该问题与 2.2 节问题的主要差异在于间隙约束是否可以为负值。

2.4.1　问题定义及分析

本节对一般间隙和长度约束的精确模式匹配问题[15,33]（pattern matching with general gaps and length constraints，SPANGLO）进行研究。该问题具有如下 4 个特点：它是一种严格的精确模式匹配；允许序列中任意位置的字符被多次使用；模式中可以包含多个负间隙；对于出现的总体长度进行了约束。

下面给出该问题严格的定义并加以举例说明。与无特殊条件下精确模式匹配相比，其序列的形式并未发生变化，仅仅是模式形式发生了变化。一般间隙的模式 P 定义如下。

定义 2.18（一般间隙的模式）　具有一般间隙的模式 P 可以表示为 $p_1[\min_1,\max_1]p_2\cdots[\min_j,\max_j]p_{j+1}\cdots[\min_{m-1},\max_{m-1}]p_m$，这里 m 表示 P 的长度；$p_j\in\sum$；$\min_{j-1}$ 和 $\max_{j-1}$ 是给定整数值，表示模式字符 p_{j-1} 和 p_j 之间通配符可以

匹配的最小和最大间隙长度，这里 $\min_{j-1} \leqslant \max_{j-1}$，$\min_{j-1}$ 和 $\max_{j-1}$ 称为局部约束且均可以为负值。

定义 2.19（一般间隙下的出现）　如果一个位置索引序列 $I=<i_1,i_2,\cdots,i_j,\cdots,i_m>$ 服从如下约束条件：

$$s_{i_j} = p_j \tag{2.18}$$

$$i_{j-1} \neq i_j \tag{2.19}$$

$$\begin{cases} \min_{j-1} \leqslant i_j - i_{j-1} - 1 \leqslant \max_{j-1}, & i_{j-1} < i_j \\ \min_{j-1} \leqslant i_j - i_{j-1} \leqslant \max_{j-1}, & i_{j-1} > i_j \end{cases} \tag{2.20}$$

式中，$1 \leqslant j \leqslant m$ 且 $1 \leqslant i_j \leqslant n$，则称 I 是 P 在 S 中的一个出现。

出现的长度约束是指对出现的跨度进行约束，这里出现的跨度是指出现中最大值与最小值的差距。在非负间隙下，一个出现中的最大值就是模式子串 p_m 在序列 S 中匹配的位置，即 i_m；出现中最小值就是模式子串 p_1 在序列 S 中匹配的位置，即 i_1。因此，在非负间隙下，出现的跨度为 $i_m - i_1 + 1$。但是，在一般间隙下，出现中最大值不一定是由模式子串 p_m 在序列 S 中匹配的位置所决定的，出现中最小值也有类似的问题，因此一般间隙下的长度约束定义如下。

定义 2.20（一般间隙下的长度约束）　模式 P 在序列 S 中的一个出现 I 满足长度约束是指服从如下约束条件：

$$\text{MinLen} \leqslant i_{\max} - i_{\min} + 1 \leqslant \text{MaxLen} \tag{2.21}$$

式中，MinLen 和 MaxLen 分别为出现的最小长度和最大长度约束，因此长度约束 LEN 是由 MinLen 和 MaxLen 两个整数值所构成的；$i_{\max} = \max(i_1,i_2,\cdots,i_j,\cdots,i_m)$；$i_{\min} = \min(i_1,i_2,\cdots,i_j,\cdots,i_m)$。

定义 2.21（一般间隙的无特殊条件下精确模式匹配问题）　给定模式 P、序列 S 和长度约束 LEN，本节求解问题 SPANGLO 是计算模式 P 在序列串 S 中满足长度约束 LEN 的所有出现的个数，表示为 $N(P,S,\text{LEN})$ 的值。

例 2.10　给定模式 $P=p_1[\min_1,\max_1]p_2[\min_2,\max_2]p_3=a[0,1]b[-1,1]c$，序列串 $S=s_1s_2s_3s_4s_5s_6s_7=$acbacbc，以及最小长度和最大长度约束分别为 MinLen=3 和 MaxLen=4。

当无长度约束时，模式 P 在序列串 S 中所有出现的个数 $N(P,S)$ 为 4，即 $\{<1,3,2>,<1,3,5>,<4,6,5>,<4,6,7>\}$。显然在该例中，出现 $<1,3,2>$ 中最大值不是模式子串 $p_3=$c 匹配到的位置 2，而是 3。当给定长度约束 MinLen=3 和 MaxLen=4 时，所有出现为 $\{<1,3,2>,<4,6,5>,<4,6,7>\}$，则 $N(P,S,\text{LEN})$ 为 3。

通过例 2.10 可知，SPANGLO 问题的难度不仅是在一般间隙作用下字符 c 可以在字符 b 之前，而是更难处理的长度约束。如果在非负间隙下出现的最大值和最小值分别在 i_3 和 i_1，此时易于处理长度约束。在 SPANGLO 问题中出现的最大值和最小值的位置不固定，如出现<4,6,7>和<4,6,5>的最大值分别在 i_3 和 i_2。此外，某些位置的字符既可以与其他位置的字符构成满足长度约束的出现，也可以与其他位置的字符构成不满足长度约束的出现，如位置 3 的字符 b 与位置 1 和 2 的字符 a 和 c 一起构成了满足 LEN 的出现<1,3,2>；同时，位置 3 的字符 b 与位置 1 和 5 的字符 a 和 c 一起又构成了不满足 LEN 的出现<1,3,5>。在求解该问题过程中又不能对每个可能的候选解逐一进行判断，这导致该问题求解难度增加。

一般间隙模式可以转换为多个非负间隙模式，为此进行如下分析。

定义 2.22（等价于）　　将一个一般间隙模式 $P=p_1[\min_1,\max_1]p_2\cdots[\min_j,\max_j]p_{j+1}\cdots[\min_{m-1},\max_{m-1}]p_m$ 等价转换为多个非负间隙模式 $Q_1,Q_2,\cdots,Q_k$ 是指 $N(P,S,\text{LEN})=\sum\limits_{i=1}^{k}N(Q_i,S,\text{LEN})$，可以记为 $P\Leftrightarrow Q_1|Q_2|\cdots|Q_k$，其中 "$\Leftrightarrow$" 代表等价于。

为了解决这个问题，引入两种运算：并且运算（&）和或运算（|）。

定义 2.23［并且运算（&）］　　可以将模式 P 分解为两个模式子串的并且，即 $P=p_1[\min_1,\max_1]p_2\cdots[\min_j,\max_j]p_{j+1}\cdots[\min_{m-1},\max_{m-1}]p_m\Leftrightarrow(p_1[\min_1,\max_1]p_2\cdots[\min_j,\max_j]p_{j+1})\&(p_{j+1}\cdots[\min_{m-1},\max_{m-1}]p_m)$，其中 $1<j<m$，m 为模式 P 的长度。

定义 2.24［或运算（|）］　　可以将某个间隙 $p_j[\min_j,\max_j]p_{j+1}$ 分解为两个间隙的或，即 $p_j[\min_j,\max_j]p_{j+1}\Leftrightarrow(p_j[\min_j,a]p_{j+1})|(p_j[a+1,\max_j]p_{j+1})$，其中 $0<j<m$，$\min_j<a<\max_j$，m 为模式 P 的长度。

为了将模式 P 转为多个等价非负间隙模式，对单个间隙 $p_j[\min_j,\max_j]p_{j+1}$ 进行详细讨论。显然间隙 $p_j[\min_j,\max_j]p_{j+1}$ 存在 3 种形式，分别如下：

1）$0\leqslant\min_j$，此时无须做任何变换；

2）$\max_j<0$，此时等价变换为 $p_{j+1}[-1-\max_j,-1-\min_j]p_j$；

3）$\min_j<0<\max_j$，此时等价变换为 $(p_j[\min_j,-1]p_{j+1})|(p_j[0,\max_j]p_{j+1})\Leftrightarrow(p_{j+1}[0,-1-\min_j]p_j)|(p_j[0,\max_j]p_{j+1})$。

因此，$p_{j-1}[\min_{j-1},\max_{j-1}]p_j[\min_j,\max_j]p_{j+1}$ 变换为表 2.11 所示的非负间隙模式的 9 种情况。

表 2.11　$p_{j-1}[\min_{j-1},\max_{j-1}]p_j[\min_j,\max_j]p_{j+1}$ 变换为非负间隙模式的 9 种情况

形式	$p_j[\min_j,\max_j]p_{j+1}$ 属 1	$p_j[\min_j,\max_j]p_{j+1}$ 属 2	$p_j[\min_j,\max_j]p_{j+1}$ 属 3
$p_{j-1}[\min_{j-1},\max_{j-1}]p_j$ 属 1	情况（1）	情况（2）	情况（3）
$p_{j-1}[\min_{j-1},\max_{j-1}]p_j$ 属 2	情况（4）	情况（5）	情况（6）
$p_{j-1}[\min_{j-1},\max_{j-1}]p_j$ 属 3	情况（7）	情况（8）	情况（9）

情况（1）为 $(p_{j-1}[\min_{j-1},\max_{j-1}]p_j)\&(p_j[\min_j,\max_j]p_{j+1})$；

情况（2）为 $(p_{j-1}[\min_{j-1},\max_{j-1}]p_j)\&(p_{j+1}[-1-\max_j,-1-\min_j]p_j)$；

情况（3）为$(p_{j-1}[\min_{j-1},\max_{j-1}]p_j)\&((p_{j+1}[0,-1-\min_j]p_j)|(p_j[0,\max_j]p_{j+1}))$；

情况（4）为$(p_j[-1-\max_{j-1},-1-\min_{j-1}]p_{j-1})\&(p_j[\min_j,\max_j]p_{j+1})$；

情况（5）为$(p_j[-1-\max_{j-1},-1-\min_{j-1}]p_{j-1})\&(p_{j+1}[-1-\max_j,-1-\min_j]p_j)$；

情况（6）为$(p_j[-1-\max_{j-1},-1-\min_{j-1}]p_{j-1})\&((p_{j+1}[0,-1-\min_j]p_j)|(p_j[0,$
$\max_j]p_{j+1}))$；

情况（7）为$((p_j[0,-1-\min_{j-1}]p_{j-1})|(p_{j-1}[0,\max_{j-1}]p_j))\&(p_j[\min_j,\max_j]p_{j+1})$；

情况（8）为$((p_j[0,-1-\min_{j-1}]p_{j-1})|(p_{j-1}[0,\max_{j-1}]p_j))\&(p_{j+1}[-1-\max_j,-1-$
$\min_j]p_j)$；

情况（9）为$((p_j[0,-1-\min_{j-1}]p_{j-1})|(p_{j-1}[0,\max_{j-1}]p_j))\&((p_{j+1}[0,-1-\min_j]$
$p_j)|(p_j[0,\max_j]p_{j+1}))$。

上述 9 种情况的模式均为非负间隙模式，这 9 种情况实际是由如下 4 种形式构成的。

形式 1：$(p_{j-1}[a,b]p_j)\&(p_j[c,d]p_{j+1})$；

形式 2：$(p_j[a,b]p_{j-1})\&(p_j[c,d]p_{j+1})$；

形式 3：$(p_{j-1}[a,b]p_j)\&(p_{j+1}[c,d]p_j)$；

形式 4：$(p_j[a,b]p_{j-1})\&(p_{j+1}[c,d]p_j)$。

其中，这 4 种形式的间隙 a、b、c 和 d 都为正数或 0，即 $0\leqslant a\leqslant b$ 且 $0\leqslant c\leqslant d$。

易知形式 1 和形式 4 的等价模式分别为 $p_{j-1}[a,b]p_j[c,d]p_{j+1}$ 和 $p_{j+1}[c,d]p_j[a,b]$ p_{j-1}。形式 2 和形式 3 的等价模式较为复杂，由于一个可变长度间隙 $X[a,b]Y$ 可以等价写成 $b-a+1$ 个固定长度间隙，即 $(X[a,a]Y)|(X[a+1,a+1]Y)|\cdots|(X[b,b]Y)$，因此形式 2 和形式 3 可以推导出 $(b-a+1)(d-c+1)$ 个模式，显然如果有 $m-1$ 个模式子串属于形式 2 和形式 3，则将产生出指数个模式。尽管其中部分模式可以合并为一个模式，但是这样的结果依然过于复杂。为此，保留形式 2 和形式 3，而不继续推导。因此，上述 9 种情况的结果如下：

情况（1）的结果为 $p_{j-1}[\min_{j-1},\max_{j-1}]p_j[\min_j,\max_j]p_{j+1}$；

情况（2）的结果为 $(p_{j-1}[\min_{j-1},\max_{j-1}]p_j)\&(p_{j+1}[-1-\max_j,-1-\min_j]p_j)$；

情况（3）的结果为 $(p_{j-1}[\min_{j-1},\max_{j-1}]p_j[0,\max_j]p_{j+1})|((p_{j-1}[\min_{j-1},\max_{j-1}]$ $p_j)\&(p_{j+1}[0,-1-\min_j]p_j))$；

情况（4）的结果为 $(p_j[-1-\max_{j-1},-1-\min_{j-1}]p_{j-1})\&(p_j[\min_j,\max_j]p_{j+1})$；

情况（5）的结果为 $p_{j+1}[-1-\max_j,-1-\min_j]p_j[-1-\max_{j-1},-1-\min_{j-1}]p_{j-1}$；

情况（6）的结果为 $(p_{j+1}[0,-1-\min_j]p_j[-1-\max_{j-1},-1-\min_{j-1}]p_{j-1})|((p_j$ $[-1-\max_{j-1},-1-\min_{j-1}]p_{j-1})\&(p_j[0,\max_j]p_{j+1}))$；

情况（7）的结果为 $((p_j[0,-1-\min_{j-1}]p_{j-1})\&(p_j[\min_j,\max_j]p_{j+1}))|(p_{j-1}[0,$

$\max_{j-1}]p_j[\min_j,\max_j]p_{j+1})$；

情况（8）的结果为$(p_{j+1}[-1-\max_j,-1-\min_j]p_j[0,-1-\min_{j-1}]p_{j-1})|((p_{j-1}[0,$ $\max_{j-1}]p_j)\&\ (p_{j+1}[-1-\max_j,\ -1-\min_j]p_j))$；

情况（9）的结果为$(p_{j+1}[0,-1-\min_j]p_j[0,-1-\min_{j-1}]p_{j-1})|((p_j[0,-1-\min_{j-1}]$ $p_{j-1})\&(p_j[0,\max_j]p_{j+1}))|((p_{j-1}[0,\max_{j-1}]p_j)\&(p_{j+1}[0,-1-\min_j]p_j))|(p_{j-1}[0,\max_{j-1}]$ $p_j[0,\max_j]p_{j+1})$。

例 2.11　选取模式P_8=a[5,6]c[4,7]g[3,8]t[2,8]a[1,7]c[0,9]g 的变化形式作为实例，介绍如何将一般间隙模式转换为非负间隙模式。之所以选择该模式，是因为与其他模式相比，该模式的各个间隔变化较大，更能够体现转换的一般性。将P_8的最小间隙均改为对应的负值，并且由于转换的烦琐性，选取该模式长度为 4 的模式子串形成本实例中的模式，即P=a[-5,6]c[-4,7]g[-3,8]t，同时设定长度约束为11 和 25。

转换模式P的方法如下：

$$P=a[-5,6]c[-4,7]g[-3,8]t$$

$$\Leftrightarrow (c[0,4]a|a[0,6]c)\&(g[0,3]c|c[0,7]g)\&(g[-3,8]t)$$

$$\Leftrightarrow ((g[0,3]c[0,4]a)|((c[0,4]a)\&(c[0,7]g))|((a[0,6]c)\&(g[0,3]c))|(a[0,6]c[0,7]g))$$
$$\&(g[-3,8]t)$$

上式进一步展开，可以由如下 4 部分组成。

部分 1：

$$(g[0,3]c[0,4]a)\&(g[-3,8]t)\Leftrightarrow(g[0,3]c[0,4]a)\&(t[0,2]g|g[0,8]t)$$

$$\Leftrightarrow (t[0,2]g[0,3]c[0,4]a)|((g[0,3]c[0,4]a)\&g[0,8]t)$$

满足模式 t[0,2]g[0,3]c[0,4]a 的出现最大长度为 13，可以满足长度约束 11、25，因此可以保留；而满足模式(g[0,3]c[0,4]a)的出现最大长度为 10，满足 g[0,8]t 的出现最大长度也为 10，因此((g[0,3]c[0,4]a)&g[0,8]t)的最大长度为 10，不能满足长度约束，故被略去。因此，(g[0,3]c[0,4]a)&(g[-3,8]t)在满足 11、25 的长度约束下等价模式为(t[0,2]g[0,3]c[0,4]a)，这里令Q_1=t[0,2]g[0,3]c[0,4]a。

部分 2：

$$((c[0,4]a)\&(c[0,7]g))\&(g[-3,8]t)\Leftrightarrow((c[0,4]a)\&(c[0,7]g))\&(t[0,2]g|g[0,8]t)$$

$$\Leftrightarrow ((c[0,4]a)\&(c[0,7]g)\&(t[0,2]g))|((c[0,4]a)\&(c[0,7]g)\&(g[0,8]t))$$

$$\Leftrightarrow ((c[0,4]a)\&(c[0,7]g)\&(t[0,2]g))|((c[0,4]a)\&(c[0,7]g[0,8]t))$$

易知((c[0,4]a)&(c[0,7]g)&(t[0,2]g))不能满足最小长度约束，而((c[0,4]a)& (c[0,7]g))&(g[0,8]t)可以满足最小长度约束，因此((c[0,4]a)&(c[0,7]g))&(g[-3,8]t)在

满足 11、25 的长度约束下等价模式为$((c[0,4]a)\&(c[0,7]g[0,8]t))$，这里令 $Q_2=(c[0,4]a)\&(c[0,7]g[0,8]t)$。

部分 3：

$$((a[0,6]c)\&(g[0,3]c))\&(g[-3,8]t) \Leftrightarrow ((a[0,6]c)\&(g[0,3]c))\&(t[0,2]g|g[0,8]t)$$

$$\Leftrightarrow ((a[0,6]c)\&(g[0,3]c)\&(t[0,2]g))|((a[0,6]c)\&(g[0,3]c)\&(g[0,8]t))$$

$$\Leftrightarrow ((a[0,6]c)\&(t[0,2]g[0,3]c))|((a[0,6]c)\&(g[0,3]c)\&(g[0,8]t))$$

易知$((a[0,6]c)\&(t[0,2]g[0,3]c))$不能满足最小长度约束，而$((a[0,6]c)\&(g[0,3]c)\&(g[0,8]t))$可以满足最小长度约束，因此$((a[0,6]c)\&(g[0,3]c))\&(g[-3,8]t)$在满足 11、25 的长度约束下等价模式为$((a[0,6]c)\&(g[0,3]c)\&(g[0,8]t))$，这里令 $Q_3=(a[0,6]c)\&(g[0,3]c)\&(g[0,8]t)$。

部分 4：

$$(a[0,6]c[0,7]g)\&(g[-3,8]t) \Leftrightarrow (a[0,6]c[0,7]g)\&(t[0,2]g|g[0,8]t)$$

$$\Leftrightarrow ((a[0,6]c[0,7]g)\&(t[0,2]g))|(a[0,6]c[0,7]g[0,8]t)$$

$((a[0,6]c[0,7]g)\&(t[0,2]g))$和$(a[0,6]c[0,7]g[0,8]t)$皆可以满足长度约束 11、25，因此均可以保留，这里令 $Q_4=(a[0,6]c[0,7]g)\&(t[0,2]g)$，$Q_5=a[0,6]c[0,7]g[0,8]t$。

综上，$P \Leftrightarrow Q_1|Q_2|Q_3|Q_4|Q_5$，$Q_2$、$Q_3$ 和 Q_4 均非正常模式，这里略去这些模式的推导过程，表 2.12 给出了它们的对应等价模式。

表 2.12 Q2~Q4 在长度约束为 11 和 25 时对应的等价非负间隙模式

模式	等价的一般间隙模式	等价的非负间隙模式
$Q_2=(c[0,4]a)\&(c[0,7]g[0,8]t)$	$a[-5,-1]c[0,7]g[0,8]t$	$c[0,0]a[0,6]g[0,8]t)|(c[1,1]a[0,5]g[0,8]t)|$ $c[2,2]a[0,4]g[0,8]t)|(c[3,3]a[0,3]g[0,8]t)|$ $c[4,4]a[0,2]g[0,8]t)|(c[0,0]g[0,0]a[0,7]t)|$ $c[0,0]g[1,1]a[0,6]t)|(c[0,0]g[2,2]a[0,5]t)|$ $c[0,0]g[3,3]a[0,4]t)|(c[1,1]g[0,0]a[0,7]t)|$ $c[1,1]g[1,1]a[0,6]t)|(c[1,1]g[2,2]a[0,5]t)|$ $c[2,2]g[0,0]a[0,7]t)|(c[2,2]g[1,1]a[0,6]t)|$ $c[3,3]g[0,0]a[0,7]t)$
$Q_3=(a[0,6]c)\&(g[0,3]c)\&(g[0,8]t)$	$a[0,6]c[-4,-1]g[0,8]t$	$a[0,5]g[0,0]c[0,7]t)|(a[0,4]g[1,1]c[0,6]t)|$ $a[0,3]g[2,2]c[0,5]t)|(a[0,2]g[3,3]c[0,4]t)$
$Q_4=(a[0,6]c[0,7]g)\&(t[0,2]g)$	$a[0,6]c[0,7]g[-3,-1]t$	$a[0,6]c[0,6]t[0,0]g)|(a[0,6]c[0,5]t[1,1]g)|$ $a[0,6]c[0,4]t[2,2]g)$

这样一个一般间隙模式就可以等价地转换为多个非负间隙模式。在给定具体序列串的情况下，一个一般间隙模式匹配实例就可以等价地转换为多个非负间隙模式匹配实例。显然，从表 2.12 看出，在删除许多不满足间隙约束的模式情况下，模式 P 在长度约束为 11 和 25 时，依然对应了 1+15+4+3+1=24 个模式。

2.4.2　求解算法

1. 子网树及其创建方法

为了求解 SPANGLO 问题，在网树基础上给出子网树的定义。为了解决长度约束问题，可以利用子网树的概念以确定出现中的最大值，并在其上构造一些新概念及性质以实现对 SPANGLO 问题的求解。

定义 2.25（祖先集）　如果结点 n_b^c 在结点 n_j^i 与某一根结点的路径上且 $c \leqslant i$，则称结点 n_b^c 是结点 n_j^i 的祖先，其中 $1 \leqslant b < j$。结点 n_j^i 的祖先集是由结点 n_j^i 的所有祖先所构成的，用 $A(n_j^i)$ 来表示。

定义 2.26（子孙集）　如果结点 n_f^e 在结点 n_j^i 与某一叶子结点的路径上且 $e < i$，则称结点 n_f^e 是结点 n_j^i 的子孙，其中 $j < f \leqslant m$，m 是网树的最大深度。结点 n_j^i 的子孙集是由结点 n_j^i 的所有子孙所构成的，用 $D(n_j^i)$ 来表示。

定义 2.27（子网树）　子网树是由网树中的一部分结点所构成的。以结点 n_j^i 为基点的子网树由 $A(n_j^i)$、n_j^i 和 $D(n_j^i)$ 共 3 部分构成。由祖先集和子孙集的定义可知，子网树中第 j 层仅有唯一的结点 n_j^i，且该子网树中结点名最大的是 i，其祖先结点名可以为 i，但是其子孙结点名不能为 i。

定义 2.28（最小兄弟、最大兄弟）　第 j 层的最小兄弟是子网树的第 j 层中最小的结点名，用 b_j 来表示；反之，第 j 层的最大兄弟是最大的结点名，用 e_j 来表示。

定义 2.29（满足长度约束路径）　设 M 是一条从结点 n_j^i（$0 \leqslant i < n$ 且 $1 \leqslant j$）到达结点 n_b^c（$0 \leqslant c < n$ 且 $1 \leqslant b$）的路径，a 是这条路径中最小的结点名，即 $a = \min(M)$，如果 M 这条路径满足长度约束，即 $MinLen \leqslant i - a + 1 \leqslant MaxLen$，则称此路径是一条满足长度约束的路径，否则 M 是一条不满足长度约束的路径。

定义 2.30（祖先结点路径数）　当前结点 n_j^i 到达祖先结点 n_k^l 的路径数称为祖先结点路径数（number of ancestor paths，NAP），用 $N_A(n_j^i, n_k^l)$ 来表示。当前结点 n_j^i 到达自身的祖先结点路径数为 1，即 $N_A(n_j^i, n_j^i) = 1$。

定义 2.31（满足长度约束的祖先结点路径数）　当前结点 n_j^i 到达祖先结点 n_k^l 的路径数中满足长度约束 LEN 的路径数称为满足长度约束的祖先结点路径数（number of ancestor paths with length constraints，NAPLC），用 $N_A^c(n_j^i, n_k^l, LEN)$ 来表示，可按式（2.22）进行计算：

$$N_A^C(n_j^i, n_k^l, \text{LEN}) = \begin{cases} N_A(n_j^i, n_k^l), & \text{MinLen} \leqslant i-l+1 \leqslant \text{MaxLen} \\ \sum_{q=1}^{t} N_A^C(n_j^i, n_{k+1}^{d_q}, \text{LEN}), & \text{其他} \end{cases} \quad (2.22)$$

式中，$n_{k+1}^{d_q}$ 和 t 分别为 n_k^l 结点的第 q 个孩子结点及 n_k^l 在子网树内的孩子结点数目。

定义 2.32（满足长度约束的树根结点路径数） 当前结点 n_j^i 到达树根层结点的路径数中满足长度约束 LEN 的路径数称为满足长度约束的树根层结点路径数（number of roots paths with length constraints，NRPLC），用 $N_R^C(n_j^i, \text{LEN})$ 来表示，可按式（2.23）进行计算：

$$N_R^C(n_j^i, \text{LEN}) = \sum_{q=1}^{t} N_A^C(n_j^i, n_1^{d_q}, \text{LEN}) \quad (2.23)$$

式中，$n_1^{d_q}$ 和 t 分别为 n_j^i 结点的第 q 个树根结点及 n_j^i 在子网树内的可以抵达的树根结点数目。

定义 2.33（不满足长度约束的祖先结点路径数） 当前结点 n_j^i 到达祖先结点 n_k^l 的路径数中不满足长度约束 LEN 的路径数称为不满足长度约束的祖先结点路径数（number of complement of ancestor paths with length constraints，NCAPLC），用 $N_A^{\sim}(n_j^i, n_k^l, \text{LEN})$ 来表示。显然 $N_A(n_j^i, n_k^l) = N_A^C(n_j^i, n_k^l, \text{LEN}) + N_A^{\sim}(n_j^i, n_k^l, \text{LEN})$。$N_A^{\sim}(n_j^i, n_k^l, \text{LEN})$ 可按式（2.24）进行计算：

$$N_A^{\sim}(n_j^i, n_k^l, \text{LEN}) = \begin{cases} 0, & \text{MinLen} \leqslant i-l+1 \leqslant \text{MaxLen} \\ \sum_{q=1}^{t} N_A^{\sim}(n_j^i, n_{k+1}^{d_q}, \text{LEN}), & \text{其他} \end{cases} \quad (2.24)$$

式中，$n_{k+1}^{d_q}$ 和 t 分别为 n_k^l 结点的第 q 个孩子结点及 n_k^l 在子网树内的孩子结点数目。

定义 2.34（不满足长度约束的树根层结点路径数） 当前结点 n_j^i 到达树根层结点的路径数中不满足长度约束 LEN 的路径数称为不满足长度约束的树根层结点路径数（number of complement of roots paths with length constraints，NCRPLC），用 $N_R^{\sim}(n_j^i, \text{LEN})$ 来表示，可按式（2.25）进行计算：

$$N_R^{\sim}(n_j^i, \text{LEN}) = \sum_{q=1}^{t} N_A^{\sim}(n_j^i, n_1^{d_q}, \text{LEN}) \quad (2.25)$$

式中，$n_1^{d_q}$ 和 t 分别为 n_j^i 结点的第 q 个树根结点及 n_j^i 在子网树内的可以抵达的树根结点数。

定义 2.35（子孙结点路径数） 当前结点 n_j^i 到达子孙结点 n_k^l 的路径数称为子孙结点路径数（number of descent paths，NDP），用 $N_D(n_j^i, n_k^l)$ 来表示。当前结点 n_j^i

到达自身的子孙结点路径数为 1，即 $N_D(n_j^i, n_j^i)=1$。

定义 2.36（满足长度约束的子孙结点路径数）　当前结点 n_j^i 到达子孙结点 n_k^l 的路径数中满足长度约束 LEN 的路径数称为满足长度约束的子孙结点路径数（number of descent paths with length constraints，NDPLC），用 $N_D^C(n_j^i, n_k^l, \text{LEN})$ 来表示，可按式（2.26）进行计算：

$$N_D^C(n_j^i, n_k^l, \text{LEN}) = \begin{cases} N_D(n_j^i, n_k^l), & \text{MinLen} \leqslant i-l+1 \leqslant \text{MaxLen} \\ \sum_{q=1}^{t} N_D^C(n_j^i, n_{k-1}^{d_q}, \text{LEN}), & \text{其他} \end{cases} \tag{2.26}$$

式中，$n_{k-1}^{d_q}$ 和 t 分别为 n_k^l 结点的第 q 个双亲结点及其在子网树内的双亲结点数。

定义 2.37（满足长度约束的叶子层结点路径数）　当前结点 n_j^i 到叶子层（第 m 层，m 为网树的最大深度）结点的路径数中满足长度约束 LEN 的路径数称为满足长度约束的叶子层结点路径数（number of leaves paths with length constraints，NLPLC），用 $N_L^C(n_j^i, \text{LEN})$ 来表示，可按式（2.27）进行计算：

$$N_L^C(n_j^i, \text{LEN}) = \sum_{q=1}^{t} N_D^C(n_j^i, n_m^{d_q}, \text{LEN}) \tag{2.27}$$

式中，m 为子网树的深度；$n_m^{d_q}$ 和 t 分别为 n_j^i 的第 q 个叶子结点及 n_j^i 在子网树内的可以抵达的叶子结点数。

定义 2.38（不满足长度约束的子孙结点路径数）　当前结点 n_j^i 到达子孙结点 n_k^l 的路径数中不满足长度约束 LEN 的路径数称为不满足长度约束的子孙结点路径数（number of complement of descent paths with length constraints，NCDPLC），用 $N_D^{\sim}(n_j^i, n_k^l, \text{LEN})$ 来表示。显然 $N_D(n_j^i, n_k^l) = N_D^C(n_j^i, n_k^l, \text{LEN}) + N_D^{\sim}(n_j^i, n_k^l, \text{LEN})$。$N_D^{\sim}(n_j^i, n_k^l, \text{LEN})$ 可按式（2.28）进行计算：

$$N_D^{\sim}(n_j^i, n_k^l, \text{LEN}) = \begin{cases} 0, & \text{MinLen} \leqslant i-l+1 \leqslant \text{MaxLen} \\ \sum_{q=1}^{t} N_D^{\sim}(n_j^i, n_{k-1}^{d_q}, \text{LEN}), & \text{其他} \end{cases} \tag{2.28}$$

式中，$n_{k-1}^{d_q}$ 和 t 分别为 n_k^l 结点的第 q 个双亲结点及 n_k^l 在子网树内的双亲结点数目。

定义 2.39（不满足长度约束的叶子层结点路径数）　当前结点 n_j^i 到叶子层（第 m 层）结点的路径数中不满足长度约束 LEN 的路径数称为不满足长度约束的叶子层结点路径数（number of complement of leaves paths with length constraints，NCLPLC），用 $N_L^{\sim}(n_j^i, \text{LEN})$ 来表示，可按式（2.29）进行计算：

$$N_L^{\sim}(n_j^i,\text{LEN})=\sum_{q=1}^{t} N_D^{\sim}(n_j^i,n_m^{d_q},\text{LEN}) \tag{2.29}$$

式中，m 为子网树的深度；$n_m^{d_q}$ 和 t 分别为 n_j^i 的第 q 个叶子结点及 n_j^i 在子网树内的可以抵达的叶子结点数。

定义 2.40（满足长度约束树根—叶子路径）　设 M 是一条从某树根结点到某树叶结点的路径且经过结点 n_j^i，若其满足长度约束，则称 M 是一条满足长度约束的树根—叶子路径，否则 M 是一条不满足长度约束的树根—叶子路径。

定义 2.41（满足长度约束树根—叶子路径数）　在子网树内经过结点 n_j^i 满足长度约束的树根—叶子结点路径数（number of roots-leaves paths with length constraints，NRLPLC）用 $N_T^C(n_j^i,\text{LEN})$ 来表示，可按式（2.30）进行计算：

$$N_T^C(n_j^i,\text{LEN}) = N_R^C(n_j^i,\text{LEN})N_L^{\sim}(n_j^i,\text{LEN}) + N_R^{\sim}(n_j^i,\text{LEN})N_L^C(n_j^i,\text{LEN})$$

$$+ N_R^C(n_j^i,\text{LEN})\ N_L^C(n_j^i,\text{LEN}) \tag{2.30}$$

性质 2.2　$N(P,S,\text{LEN})$ 可按式（2.31）进行计算：

$$N(P,S,\text{LEN})=\sum_{i=\text{MinLen}-1}^{n}\sum_{j=1}^{m} N_T^C(n_j^i,\text{LEN}) \tag{2.31}$$

式中，n、m、MinLen 和 MaxLen 分别是序列和模式的长度及最小和最大长度约束。

为了便于理解，表 2.13 给出了 SPANGLO 问题中主要符号的描述。

表 2.13　SPANGLO 问题中主要符号的描述

符号	描述
S	表示序列串，由 n 个字符 $s_1 s_2 \cdots s_i \cdots s_n$ 构成
P	表示模式，由 m 个字符 $p_1 p_2 \cdots p_m$ 和 $m-1$ 个间隙构成
$\min_{j-1}, \max_{j-1}$	表示通配符可以匹配的最小和最大间隙长度
I	由 m 个位置构成的一个位置索引序列 $<i_1, i_2, \cdots, i_j, \cdots, i_m>$
LEN	表示长度约束，由最小长度 MinLen 和最大长度 MaxLen 两个正整数构成
$N(P,S,\text{LEN})$	表示模式 P 在序列串 S 中满足长度约束 LEN 的所有出现的集合，其长度用 $\|N(P,S,\text{LEN})\|$ 来表示；$N(P,S)$ 表示无长度约束
$\Leftrightarrow$	表示前后两个模式相等
$\&, \|$	表示将模式和间隙分别进行分解的并且运算和或运算
n_j^i	表示第 j 层的结点 i
$A(n_j^i)$	表示结点 n_j^i 的祖先集
$D(n_j^i)$	表示结点 n_j^i 的子孙集
b_j、e_j	第 j 层的最小兄弟和最大兄弟
$N_A(n_j^i, n_k^l)$	表示结点 n_j^i 到达祖先结点 n_k^l 的路径数 NAP

续表

符号	描述
$N_A^C(n_j^i, n_k^l, \text{LEN})$	表示结点 n_j^i 到达祖先结点 n_k^l 的路径数中满足长度约束 LEN 的路径数 NAPLC
$N_R^C(n_j^i, \text{LEN})$	表示结点 n_j^i 到达树根层结点的路径数中满足长度约束 LEN 的路径数 NRPLC
$N_A^-(n_j^i, n_k^l, \text{LEN})$	表示结点 n_j^i 到达祖先结点 n_k^l 的路径数中不满足长度约束 LEN 的路径数 NCAPLC
$N_R^-(n_j^i, \text{LEN})$	表示结点 n_j^i 到达树根层结点的路径数中不满足长度约束 LEN 的路径数 NCRPLC
$N_D(n_j^i, n_k^l)$	表示结点 n_j^i 到达子孙结点 n_k^l 的路径数 NDP
$N_D^C(n_j^i, n_k^l, \text{LEN})$	表示结点 n_j^i 到达子孙结点 n_k^l 的路径数中满足长度约束 LEN 的路径数 NDPLC
$N_L^C(n_j^i, \text{LEN})$	表示结点 n_j^i 到叶子层结点的路径数中满足长度约束 LEN 的路径数 NLPLC
$N_D^-(n_j^i, n_k^l, \text{LEN})$	表示结点 n_j^i 到达子孙结点 n_k^l 的路径数中不满足长度约束 LEN 的路径数 NCDPLC
$N_L^-(n_j^i, \text{LEN})$	表示结点 n_j^i 到叶子层结点的路径数中不满足长度约束 LEN 的路径数 NCLPLC
$N_T^C(n_j^i, \text{LEN})$	表示经过结点 n_j^i 满足长度约束的树根—叶子结点路径数 NRLPLC

2. SETS 算法

当接收一个字符 $s_i(1 \leq i < n)$ 时，检查其是否满足 $s_i = p_{j-1}(1 \leq j < m)$，如果满足则以结点 n_j^i 为基点创建满足长度约束的子网树。其创建规则如下。

规则 2.3　如果 $s_i = p_{j-1}$，则在第 j 层创建结点 n_j^i。

规则 2.4　在向上生成 $A(n_j^i)$ 的过程中，根据子网树的第 $k+1$ 层的最小兄弟 b_{k+1} 和最大兄弟 e_{k+1} 的值计算第 k 层($1 \leq k < j$)的 b_k 和 e_k 的值，并依次检测该区间上所有 $s_t(b_k \leq t \leq e_k)$ 是否满足精确匹配和局部间隙约束，即式（2.18）~式（2.20）。其中，b_k 和 e_k 分别按式（2.32）和式（2.33）进行计算：

$$b_k = \begin{cases} \max(0, i - \text{MaxLen} + 1, b_{k+1} - \max_{k-1} - 1), & \max_{k-1} \geq 0 \\ \max(0, i - \text{MaxLen} + 1, b_{k+1} - \max_{k-1}), & \max_{k-1} < 0 \end{cases} \quad (2.32)$$

$$e_k = \begin{cases} \min(i, e_{k+1} - \min_{k-1} - 1), & \min_{k-1} \geq 0 \\ \min(i, e_{k+1} - \min_{k-1}), & \min_{k-1} < 0 \end{cases} \quad (2.33)$$

如果 $s_t = p_{k-1}$ 且 s_t 与第 $k+1$ 层结点 n_{k+1}^u 满足式（2.19）和式（2.20），则可以在第 k 层创建结点 n_k^t，并在这两个结点之间建立“双亲-孩子”关系。之后，依次检测第 $k+1$ 层结点 n_{k+1}^v 与结点 n_k^t 之间是否满足局部间隙约束，如果满足，则在这两个结点之间建立“双亲-孩子”关系。

规则 2.5　在向下生成 $D(n_j^i)$ 的过程中，根据子网树的第 $k-1$ 层的最小兄弟 b_{k-1} 和最大兄弟 e_{k-1} 的值计算第 k 层($j < k \leq m-1$)的 b_k 和 e_k 的值，并依次检测该区间上所有 $s_t(b_k \leq t \leq e_k)$ 是否满足精确匹配和局部间隙约束，即式（2.18）~式（2.20）。其中，b_k 和 e_k 分别按式（2.34）和式（2.35）进行计算：

$$b_k = \begin{cases} \max(0, i - \text{MaxLen} + 1, b_{k-1} + \min_{k-2} + 1), & \min_{k-2} \geqslant 0 \\ \max(0, i - \text{MaxLen} + 1, b_{k-1} + \min_{k-2}), & \min_{k-2} < 0 \end{cases} \quad (2.34)$$

$$e_k = \begin{cases} \min(i-1, e_{k-1} - \max_{k-2} + 1), & \max_{k-2} \geqslant 0 \\ \min(i-1, e_{k-1} - \max_{k-2}), & \max_{k-2} < 0 \end{cases} \quad (2.35)$$

如果 $s_t = p_{k-1}$ 且 s_t 与第 $k-1$ 层结点 n_{k-1}^u 满足式（2.19）和式（2.20），则可以在第 k 层创建结点 n_k^t，并在这两个结点之间建立"双亲–孩子"关系。之后，依次检测第 $k-1$ 层结点 n_{k-1}^v 与结点 n_k^t 之间是否满足局部间隙约束，如果满足，则在这两个结点之间建立"双亲–孩子"关系。

SETS 算法如下：

算法 2.4　SETS 算法
输入：模式 P，序列 S，长度约束 MinLen 和 MaxLen
输出：N(P,S,LEN)

```
1: sum=0;
2: for i=MinLen to n step 1
3:    for j=m downto 1 step -1
4:       if (s[i]==p[j])
5:          for k=j downto 1 step -1
6:             按照规则 2.4 建立第 k+1 层子网树结点
7:             建立子网树结点,同时计算该结点的 NAPLC 和 NCAPLC
8:          next k
9:          依据式（2.23）和式（2.25）分别计算 NRPLC 和 NCRPLC
10:         for k=j+1 to m step 1
11:            按照规则 2.5 建立第 k+1 层子网树结点
12:            建立子网树结点,同时计算该结点的 NDPLC 和 NCDPLC
13:         next k
14:         依据式（2.27）和式（2.29）分别计算 NLPLC 和 NCLPLC
15:         依据式（2.30）计算 N_T^C(n_j^i,LEN), sum+=N_T^C(n_j^i,LEN)
16:      end if
17:   next j
18: next i
19: return sum;
```

3. SETS 算法复杂性分析

易知 SETS 算法的空间复杂度为 $O(m \times \text{MaxLen} \times W)$，这是因为子网树最多有 m 层，每层最多有 MaxLen 个结点，而每个结点最多有 W 个双亲结点（或孩子结点），即 $W = \max(\max_j - \min_j + 1)(0 \leqslant j \leqslant m-1)$，这里 m、MaxLen 和 W 分别是模式 P 的

长度、最大长度约束和模式 P 的最大间距。

SETS 算法的时间复杂度分析如下：由于每层最多有 MaxLen 个结点，每个结点最多有 W 个双亲结点（或孩子结点），因此第 6～7 行及第 11～12 行的时间复杂度为 $O(\text{MaxLen} \times W)$；第 9 行和第 14 行的时间复杂度为 $O(\text{MaxLen})$，第 15 行的时间复杂度为 $O(1)$。综上，第 5～15 行的时间复杂度为 $O(\text{MaxLen} \times W \times m)$，进而可知 SETS 算法的时间复杂度为 $O(\text{MaxLen} \times W \times m^2 \times n)$。

Min 等[31]对非负间隙的严格模式匹配问题进行了研究并提出了 PAIG 算法，其算法的空间复杂度和时间复杂度分别为 $O(mW)$ 和 $O(W^2 m^2 n)$。与 PAIG 算法相比，SETS 算法的空间复杂度和时间复杂度均略大，这是因为 SETS 算法需要处理一般间隙，而 PAIG 算法无须处理一般间隙。由 2.4.1 节的理论分析可知，最坏情况下一个 SPANGLO 实例可以产生出指数个非负间隙模式匹配实例，因此在求解 SPANGLO 问题时宜采用 SETS 算法。

4. SETS 算法的正确性及完备性证明

这里给出 SETS 算法的正确性及完备性证明。

定理 2.7　算法的正确性：问题的解是所有子网树中满足约束的树根—叶子结点路径数之和。

证明： 在以 n_j^i 为基点的子网树上，通过归纳的方法，易知 $N_A^C(n_j^i, n_k^l, \text{LEN})$、$N_A^\sim(n_j^i, n_k^l, \text{LEN})$、$N_D^C(n_j^i, n_k^l, \text{LEN})$ 和 $N_D^\sim(n_j^i, n_k^l, \text{LEN})$ 的计算方法的正确性，进而能够知道 $N_R^C(n_j^i, \text{LEN})$、$N_R^\sim(n_j^i, \text{LEN})$、$N_L^C(n_j^i, \text{LEN})$ 和 $N_L^\sim(n_j^i, \text{LEN})$ 的计算方法的正确性。在以 n_j^i 为基点的子网树内，满足约束的树根—叶子结点路径数 $N_T^C(n_j^i, \text{LEN})$ 是由树根层满足约束且叶子层不满足约束的路径数、树根层不满足约束且叶子层满足约束的路径数和树根层及叶子层均满足约束的路径数共 3 部分构成的，并且一条完整的树根—叶子路径是由树根层结点和叶子层结点以基结点为桥梁的两部分结点的连接，因此采用式（2.30）的计算 $N_T^C(n_j^i, \text{LEN})$ 方法是正确的，进而问题的解 $|N(P,S,\text{LEN})|$ 采用式（2.31）的计算方法是正确的，这样就证明了算法的正确性。证毕。

定理 2.8　算法的完备性：任意一个满足约束的出现存在且只存在于某一棵特定的子网树内，且可以用该子网树内的某条树根—叶子结点路径来表示。

证明： 令出现 $I=<i_1, i_2, \cdots, i_j, \cdots, i_m>$，$i_k = \max(i_1, i_2, \cdots, i_m)$，如果出现 I 中有若干个位置可以取得最大值 i_k，即 $\{i_{a1}=i_k, i_{a2}=i_k, \cdots, i_{aq}=i_k\}$，则 $k=\max(a1, a2, \cdots, aq)$。由子网树的创建规则可知，任何一个出现均以一条树根—叶子结点路径的形式存在于一棵子网树中。如果出现 I 可以在以 n_j^i 和 n_k^i 为基点的两棵不同子网树上存在（$j \neq k$），则可知 $i_k \in I$ 且 $i_j \in I$。假设 $j<k$，这样以 n_j^i 为基点的子网树中，它的子孙

结点集中包含有比自己更大的结点 n_k^i，而这与以 n_j^i 为基点的子网树定义相互矛盾，因此不存在以 n_j^i 为基点的子网树。由子网树的创建规则可知，任何一个满足约束的出现都可以用该子网树内的某条树根—叶子结点路径来表示。因此，可以证明出现 I 存在且只存在于以 n_k^i 为基点的唯一一棵子网树上且可以用该子网树内的某条树根—叶子结点路径来表示，这样就证明了算法的完备性。证毕。

5. SETS 算法运行实例

在如下实例中，令序列 S 和模式 P 都是全 a 的字符串，以说明 SETS 算法的工作原理，同时展示算法的正确性和完备性。

例 2.12　给定序列 S=aaaaaaaa、模式 P = a[−2,1]a[−2,1]a[−2,1]a[−2,1]a 及长度约束 MinLen=4 和 MaxLen=5，求 $|N(P,S,\text{LEN})|$。

仅以 s_5=a 为例说明 SETS 算法的工作原理。由于 s_5=p_5=a，因此可能存在最后一个位置是 5 的出现，因此 SETS 算法以 n_5^5 结点为基点向上创建满足长度约束的子网树，结果如图 2.17（a）所示。图 2.17 中箭头方向为创建子网树的方向，此外图中中心位置圆圈、左上圆圈、右上圆圈、左下圆圈和右下圆圈内数字分别代表结点名、NAPLC、NCAPLC、NDPLC 和 NCDPLC。在创建结点的同时，计算该结点的 NAPLC 和 NCAPLC。图 2.17（a）中，每层都选取 1 个典型结点介绍其 NAPLC 和 NCAPLC 是如何计算的，其他结点的 NAPLC 和 NCAPLC 不做详述。由定义 2.3①和 2.3③可知，$N_A^C(n_5^5, n_5^5, \text{LEN})$=0 且 $N_A^{\sim}(n_5^5, n_5^5, \text{LEN})$=1。由式（2.22）和式（2.24）可知，$N_A^C(n_5^5, n_4^3, \text{LEN})$=0 且 $N_A^{\sim}(n_5^5, n_4^3, \text{LEN})$=1。由于 n_3^3 结点有两个孩子结点，分别是 n_4^3 和 n_4^4，且 MinLen=4≤5-2+1=4≤MaxLen=5，因此，$N_A^C(n_5^5, n_3^2, \text{LEN})$=2 且 $N_A^{\sim}(n_5^5, n_3^2, \text{LEN})$=0。同理，$N_A^C(n_5^5, n_2^2, \text{LEN})$=3 且 $N_A^{\sim}(n_5^5, n_2^2, \text{LEN})$=3。此外，$N_A^C(n_5^5, n_1^3, \text{LEN})$=8 且 $N_A^{\sim}(n_5^5, n_1^3, \text{LEN})$=5。这样依据式（2.23）可知，$N_R^C(n_5^5, \text{LEN})$ = 9+14+8+ 6+5=42，因此易知 $N_T^C(n_5^5, \text{LEN})$=42。

由于 s_5=a=p_4=p_3=p_2=p_1，因此不但会形成以 n_5^5 为基点的子网树，还会形成以 n_4^5、n_3^5、n_2^5 和 n_1^5 为基点的子网树。这里介绍以 n_3^5 为基点的子网树是如何计算的，这是因为以 n_3^5 为基点的子网树计算更加典型，其他子网树的计算可以类推。以 n_3^5 结点为基点，分别向上和向下创建满足长度约束的子网树，结果如图 2.17（b）所示，易知各个结点的 NAPLC、NCAPLC、NDPLC 和 NCDPLC。依据式（2.23）可知，$N_R^C(n_3^5, \text{LEN})$=1+2+0+0+0=3。同理，$N_R^{\sim}(n_3^5, \text{LEN})$=0+0+1+1+2=4，$N_L^C(n_3^5, \text{LEN})$=1+2+0+0=3 及 $N_L^{\sim}(n_3^5, \text{LEN})$=0+0+1+1=2。依据式（2.30）可知，$N_T^C(n_3^5, \text{LEN})$=3×2+3×4+3×3=27。可以穷举出在出现的第 3 个位置是 5 且满足长度约束的出现数是 27 个，这样就验证了算法的正确性和完备性。

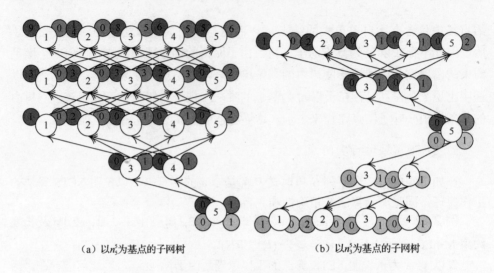

(a) 以 n_5^5 为基点的子网树　　　　　　(b) 以 n_3^5 为基点的子网树

图 2.17　包含 5 的部分子网树

同理，可以分别计算以 n_4^5、n_2^5 和 n_1^5 为基点的子网树中满足长度约束的出现数，这样就完成了对 $s_5 = a$ 的计算。序列中其他位置字符出现数的计算方法与此相同，不再赘述。

2.4.3　实验结果及分析

采用例 2.11 中的模式 P 作为本节实验的模式 P_1。还采用若干最小间隔为负值，以此形成模式 $P_2 \sim P_4$。为了研究长度约束中最大长度 MaxLen 与问题求解时间之间的关系，增加 P_5 和 P_6，使得这两个模式与 P_3 相比仅在 MaxLen 上有差异，其他方面均保持一致；为了研究模式长度与问题求解时间之间的关系，又增加模式 P_7 和 P_8，使得这两个模式与 P_6 相比仅在模式长度方面有差异，其他方面均保持一致；为了研究模式最大间隔与问题求解时间之间的关系，又增加模式 P_9 和 P_{10}，使得这两个模式与 P_8 相比仅在最大间隔方面有差异，而其他方面均保持一致。这些具体模式如表 2.14 所示。

表 2.14　一般间隙模式

模式	模式串	最小长度	最大长度
P_1	a[-5,6]c[-4,7]g[-3,8]t	11	25
P_2	g[-1,5]t[0,6]a[-2,7]g[-3,9]t[-2,5]a[-4,9]g[-1,8]t[-2,9]a	24	57
P_3	g[-1,9]t[-1,9]a[-1,9]g[-1,9]t[-1,9]a[-1,9]g[-1,9]t[-1,9]a[-1,9]g[-1,9]t	21	101
P_4	g[-1,5]t[0,6]a[-2,7]g[-3,9]t[-2,5]a[-4,9]g[-1,8]t[-2,9]a[-1,9]g[-1,9]t	27	73
P_5	g[-1,9]t[-1,9]a[-1,9]g[-1,9]t[-1,9]a[-1,9]g[-1,9]t[-1,9]a[-1,9]g[-1,9]t	21	71
P_6	g[-1,9]t[-1,9]a[-1,9]g[-1,9]t[-1,9]a[-1,9]g[-1,9]t[-1,9]a[-1,9]g[-1,9]t	21	31

续表

模式	模式串	最小长度	最大长度
P_7	g[-1,9]t[-1,9]a[-1,9]g[-1,9]t[-1,9]a[-1,9]g[-1,9]t[-1,9]a	21	31
P_8	g[-1,9]t[-1,9]a[-1,9]g[-1,9]t[-1,9]a[-1,9]g	21	31
P_9	g[-1,7]t[-1,7]a[-1,7]g[-1,7]t[-1,7]a[-1,7]g	21	31
P_{10}	g[-1,5]t[-1,5]a[-1,5]g[-1,5]t[-1,5]a[-1,5]g	21	31

此外，为了验证一个一般间隙模式匹配实例转换为多个非负间隙模式匹配实例的正确性，例 2.11 中的 Q_1~Q_5 模式也将继续使用。表 2.12 中，Q_3 在长度约束为 11 和 25 的情况下，等价的非负间隙模式为 Q_{31}=a[0,5]g[0,0]c[0,7]t，Q_{32}=a[0,4]g[1,1]c[0,6]t，Q_{33}=a[0,3]g[2,2]c[0,5]t，Q_{34}=a[0,2]g[3,3]c[0,4]t。

这里所采用的真实生物序列是猪流感 H1N1 病毒序列中一个候选序列（该病毒有很多候选序列，其病毒的 DNA 序列可在美国国家生物计算信息中心下载），该序列是 2010 年 3 月 30 日公布的一个结果[A/Managua/2093.01/2009(H1N1)]，其全部 8 个片段作为测试序列（表 2.2）。实验运行的软硬件环境为 Intel® Pentium® Dual T2310 处理器、主频 1.46GHz、内存 1.0GB、Windows 7 操作系统的计算机。

为了验证一个一般间隙模式匹配实例转换为多个非负间隙模式匹配实例的正确性及 SETS 算法的求解性能，表 2.15 给出了 PAIG 算法求解模式 Q_{31}~Q_{34} 在 S_1~S_8 上的解及运行时间①，表 2.16 和表 2.17 分别给出了 SETS 算法求解模式 Q_1~Q_5 和 P_1~P_{10} 在序列 S_1~S_8 上的出现数和运行时间。

表 2.15　PAIG 算法求解模式 Q_{31}~Q_{34} 在序列 S_1~S_8 上的出现数及运行时间

序列	出现数/个				运行时间/ms			
	Q_{31}	Q_{32}	Q_{33}	Q_{34}	Q_{31}	Q_{32}	Q_{33}	Q_{34}
S_1	147	110	98	53	14.85	14.69	14.06	13.75
S_2	146	129	87	57	14.84	14.38	14.07	14.38
S_3	166	128	90	57	13.90	13.44	13.28	12.97
S_4	121	88	62	36	10.94	11.10	10.94	10.79
S_5	122	77	85	41	9.69	9.69	9.53	9.53
S_6	131	112	67	54	9.06	9.06	8.91	8.75
S_7	74	52	54	27	6.09	6.25	6.25	6.09
S_8	62	53	33	19	5.31	5.16	5.31	5.15

---

① 对每个实例运行 100 次，然后运行时间为总时间除以 100，以便较准确地计算出算法在各个实例上的运行时间。

表 2.16　SETS 算法求解模式 $Q_1 \sim Q_5$ 和 $P_1 \sim P_{10}$
在序列 $S_1 \sim S_8$ 上的出现数　　　　　（单位：个）

序列	Q_1	Q_2	Q_3	Q_4	Q_5	P_1	P_2	P_3	P_4	P_5	P_6	P_7	P_8	P_9	P_{10}
S_1	54	1372	408	518	2967	5319	822443	18642233	6855066	18246453	1021204	471464	138490	54046	7234
S_2	84	1572	419	504	3477	6056	915866	21736881	8010515	21280825	924837	494779	127788	51942	5856
S_3	75	1230	441	580	2936	5262	751855	20207620	6924970	19751067	945590	382489	127330	52360	6199
S_4	63	1041	307	397	2117	3925	632606	13675415	4842997	13411504	580978	333144	92426	37158	5474
S_5	55	1052	325	324	2018	3774	516352	13675526	4396525	11399942	450192	250445	87036	33538	3716
S_6	54	977	364	478	2173	4046	530953	14101378	4982424	13745869	473615	239533	78859	30903	3378
S_7	48	709	207	257	1348	2569	330532	7437824	2895318	7333410	320980	150580	60303	29650	4584
S_8	35	491	167	218	1258	2169	333962	9469875	3003216	9037213	283158	141578	53484	20858	2175

表 2.17　SETS 算法求解模式 $Q_1 \sim Q_5$ 和 $P_1 \sim P_{10}$
在序列 $S_1 \sim S_8$ 上的运行时间　　　　　（单位：ms）

序列	Q_1	Q_2	Q_3	Q_4	Q_5	P_1	P_2	P_3	P_4	P_5	P_6	P_7	P_8	P_9	P_{10}
S_1	1.41	2.03	1.57	1.56	2.18	3.12	40	100.62	88.44	99.69	53.59	33.91	17.97	13.12	8.13
S_2	1.40	2.03	1.56	1.56	2.19	3.28	43.59	103.75	90.78	103.28	54.37	35.31	17.97	12.97	7.66
S_3	1.25	1.88	1.56	1.41	2.03	3.13	39.69	101.25	87.35	99.53	51.56	32.97	17.03	12.81	7.35
S_4	0.94	1.56	1.25	1.10	1.56	2.50	32.35	83.28	68.60	80.94	40.78	26.72	14.07	9.54	5.94
S_5	0.94	1.41	1.10	1.10	1.41	2.18	26.41	61.87	52.50	62.66	32.81	21.41	11.25	8.28	4.84
S_6	0.78	1.25	0.94	0.94	1.41	2.03	25.94	66.09	55.31	66.40	33.59	20.93	10.94	8.13	4.68
S_7	0.62	0.93	0.63	0.78	0.94	1.56	16.40	44.22	38.44	43.60	21.72	14.07	7.35	5.47	3.44
S_8	0.47	0.78	0.63	0.62	0.94	1.09	15.78	40.00	33.44	39.69	19.85	12.81	6.41	4.54	2.66

通过上述实验结果，可得如下分析：

1）从表 2.15 和表 2.16 可以看出，在长度约束为 11、25 的情况下，不但模式 $Q_3 \Leftrightarrow Q_{31}|Q_{32}|Q_{33}|Q_{34}$ 及模式 $P_1 \Leftrightarrow Q_1|Q_2|Q_3|Q_4|Q_5$ 成立，而且验证了 SETS 算法的正确性。在表 2.16 中 SETS 算法求解 Q_3 在序列 S_1 的出现数为 408，而表 2.15 中采用 PAIG 算法求得 $Q_{31} \sim Q_{34}$ 在序列 S_1 的出现数之和也是 408，可以验证 Q_3 在其他 7 个序列上的出现数均等于 $Q_{31} \sim Q_{34}$ 在对应序列上的出现数之和。此外，从表 2.16 中可以看出，模式 P_1 在序列 $S_1 \sim S_8$ 中出现数也均等于 $Q_1 \sim Q_5$ 在对应序列上的出现数之和，如 P_1 在 S_1 上出现数为 5319，而 $Q_1 \sim Q_5$ 在 S_1 上出现数之和也是 5319。这样既验证了这里提出的一般间隙模式匹配实例转换为多个非负间隙模式匹配实例的正确性，同时也验证了求解算法的求解正确性。

2）SETS 算法的性能好于 PAIG 算法的性能。尽管 SETS 算法比 PAIG 算法的空间复杂度和时间复杂度均略大，但是从表 2.15 和表 2.17 的实际运行时间上看，SETS 算法好于 PAIG 算法。表 2.15 中 PAIG 算法求解 Q_{31} 在 S_1 的运行时间为 14.85ms，而表 2.17 中 SETS 算法求解 Q_3 在 S_1 的运行时间仅为 1.57ms。实验已经验证了 $Q_3 \Leftrightarrow Q_{31}|Q_{32}|Q_{33}|Q_{34}$，这就是说，采用 PAIG 算法求解 Q_3 在 S_1 的总运行时间为 57.35ms。这充分说明 SETS 算法好于 PAIG 算法。造成这种现象的原因是：一方面，PAIG 算法需要创建稀疏二维表并在该表上计算，而 SETS 算法则仅对子网树结点进行计算；另一方面，PAIG 算法需要有相对复杂的表合并操作，而 SETS 算法利用子网树及其多种概念与性质进行计算，提高了算法的计算速度。

3）尽管这里提出的由一般间隙模式转换为多个非负间隙模式的方法是正确的，但是实际应用中并不可行，其原因是一个一般间隙模式匹配实例对应的等价非负间隙模式匹配实例的数量非常大。例如，Q_2 是仅含有一个负间隙的模式，在利用长度约束滤掉诸如 c[0,0]g[0,0]t[0,2]a 或 c[0,0]g[1,1]t[0,1]a 等模式的情况下，依然对应了 15 个非负间隙模式。这充分说明了实际运行中，采用由一般间隙转换为非负间隙的方法并不可行。

4）通过表 2.16 和表 2.17 可以看出，SETS 算法的运行时间与 MaxLen、W、m 和 n 等因素正相关，这与理论分析算法 SETS 时间复杂度为 $O(\text{MaxLen} \times W \times m^2 \times n)$ 相一致，与问题的解的大小无关。其具体分析如下：

通过表 2.2 可以看出，序列 S_2 是全部 8 个候选序列中的最长序列，而序列 S_8 是最短序列。从表 2.17 可以看出，所有模式几乎均在序列 S_2 上所花费时间最长，而在序列 S_8 上运行时间全部最短。例如，P_1 在 S_2 上的运行时间为 3.28ms，而在其他序列的运行时间均小于 3.28ms；反之，P_1 在 S_8 上的运行时间仅为 1.09ms，而在其他序列的运行时间均大于 1.09ms。这反映出问题的求解时间与序列串长度是正相关的，即序列串越长，求解时间越长，反之亦然。

由表 2.14 可知，P_3 的最大长度约束大于 P_5 的最大长度约束且 P_5 的最大长度约束大于 P_6 的最大长度约束，而其他方面均相同。从表 2.17 可以看出，模式 P_3 在大多数序列上求解时间均长于 P_5 的求解时间，P_5 的求解时间均长于 P_6 的求解时间。这反映出问题的求解时间与最大长度约束是正相关的。

由表 2.14 可知，P_7 和 P_8 在模式长度上均小于 P_6，而其他方面均相同。从表 2.17 可以看出，模式 P_8 在全部序列上求解速度最快，这是因为模式 P_8 的模式长度最短；而模式 P_6 在全部序列上求解速度最慢，这是因为模式 P_6 的模式长度最长。这反映出问题的求解时间与模式长度是正相关的。

由表 2.14 可知，P_9 和 P_{10} 在最大间隙方面均小于 P_8，而其他方面均相同。从表 2.17 可以看出，模式 P_{10} 在全部序列上求解速度最快，这是因为模式 P_{10} 的最大间隙最小；而模式 P_8 在全部序列上求解速度最慢，这是因为模式 P_8 的最大间隙最大。这反映出问题的求解时间与最大间隙是正相关的。

通过表 2.16 可以看出，$P_2 \sim P_5$ 模式在 S_8 上均没有取得最小解；但从表 2.17 可以看出，所有模式在 S_8 上求解速度均最快。这是由于序列 S_8 的长度最短，因此求解速度最快，且算法的运行时间与序列串长度呈正相关。这充分说明了算法的运行时间与问题解的大小无关。

综上所述，SETS 算法的运行时间与 MaxLen、W、m 和 n 这 4 个因素均正相关，验证了算法时间复杂度分析的正确性。

需要指明的是，本节介绍了一般间隙无特殊条件下精确模式匹配问题，该问题是求解一般间隙模式 P 在序列 S 中满足长度 LEN 约束的所有出现个数，即 $|N(P,S,\text{LEN})|$。与该问题相比更为一般性的问题是一般间隙和长度约束条件下的近似模式匹配（strict approximate pattern matching with general gaps and length constraints，SAPGGLC）问题，如果在汉明距离下考虑一般间隙无特殊条件下近似模式匹配问题，则该问题可以描述为 $|N(P,S,\text{LEN},d)|$ 的形式，这里 d 为近似度距离。显然，当 $d=0$ 时，$|N(P,S,\text{LEN},0)|$ 就是一般间隙无特殊条件下精确模式匹配问题。可以证明，一个一般间隙无特殊条件下近似模式匹配问题实例可以转化为指数个 SPANGLO 实例。

定理 2.9　一个 SAPGGLC 实例可以被转化为指数个 SPANGLO 实例。

证明： 令 $f(P,S,\text{LEN},k)=|N(P,S,\text{LEN},k)|-|N(P,S,\text{LEN},k-1)|$，可知 $f(P,S,\text{LEN},k)$ 代表出现的数量，这些出现在近似出现和模式之间的汉明距离为 k。这就是说，在模式 P 中任意选择 k 个不同的位置使得相应的字符和 p_j 不同。所以，存在 $C_m^k = \dfrac{m!}{k!(m-k)!}$ 个选择，对于每一个不同的位置有 $|\Sigma|-1$ 种不同的选择。因此，$f(P,S,\text{LEN},k)$ 能够被转化成 $C_m^k(|\Sigma|-1)$ 个 SPANGLO 实例。因为 $|N(P,S,\text{LEN},d)|$ 等于 $\displaystyle\sum_{i=0}^{d} f(P,S,i)$，所以 $|N(P,S,\text{LEN},d)|$ 能够被转换为 $1+\displaystyle\sum_{i=1}^{d} C_m^i(|\Sigma|-1)$ 个 SPANGLO 实例。证毕。

一般间隙无特殊条件下的近似模式匹配问题也可以采用子网树结构进行求解，读者如果想进一步了解该问题的详细求解 SAP 算法，可以参阅相关论文[15]，这里不做详细讲解。

2.4.4　本节小结

本节首先给出了无条件约束下一般间隙和长度约束精确模式匹配问题（SPANGLO）的定义，并对一般间隙模式转换为多个非负间隙模式的方法进行了理论分析；为了高效地求解该问题，提出了子网树概念，并介绍了子网树的生成方法及完备性的剪枝策略；在此基础上，给出了问题的求解算法 SETS；之后，理论分析了 SETS 算法的时间复杂度与空间复杂度；最后，实验结果验证了 SETS 算法的完备性和高效性。

2.5　一次性条件下模式匹配问题

本节给出一次性条件的模式匹配问题的定义、计算复杂性和求解算法。2.2 节问题是求满足间隙约束的所有出现数目，而本节问题是在 2.2 节问题基础上求满足一次性条件下的最大子集。

2.5.1　问题定义及分析

1.　问题定义

在一次性条件下，模式、序列与出现的定义与前面的定义完全相同，这里不再赘述。这里仅仅给出与一次性条件相关的定义[34]。

定义 2.42（相关、不相关）　给定两个出现 $B=<b_1,b_2,\cdots,b_j,\cdots,b_m>$ 和 $C=<c_1,c_2,\cdots,c_k,\cdots,c_m>$，如果存在 $b_j=c_k$，则称出现 B 与出现 C 相关，并称出现 B 和 C 都包含位置 b_j，这里 $1 \leqslant j \leqslant m$ 且 $1 \leqslant k \leqslant m$；否则称出现 B 和 C 互不相关。

定义 2.43（具有间隙约束和一次性条件的模式匹配）　$N(P,S)$ 中子集 $N_1(P,S)$ 满足的任何两个出现都是彼此不相关的，则称子集 $N_1(P,S)$ 是具有间隙约束和一次性条件的模式匹配（pattern matching with gaps constraints and one-off condition，PMGOOC）。满足 PMGOOC 的最大子集 $N_1(P,S)$ 称为具有间隙约束和一次性条件的最大模式匹配（maximum pattern matching with gaps constraints and one-off condition，MPMGOOC）。

定义 2.44（集合相关数）　给定一个出现 $B=<b_1,b_2,\cdots,b_j,\cdots,b_m>$ 和一个集合 $D=\{d_1,d_2,\cdots,d_r,\cdots,d_l\}$，如果 $b_j=d_r$，则称出现 B 与集合 D 相关，这里 $1 \leqslant j \leqslant m$ 且 $1 \leqslant r \leqslant l$。与集合 D 相关的所有出现的数目称为集合相关数，用 $RS(D)$ 来表示。

定义 2.45（出现相关数、位置相关数）　与出现 B 相关的所有出现的数目称为出现相关数，用 $RO(B)$ 表示；包含位置 $i\,(1 \leqslant i \leqslant |S|)$ 的所有出现的数目称为位置相关数，用 $RP(i)$ 来表示。

定义 2.46（相关新增数）　假定 $e \notin D_1$ 且 $D_2=D_1 \bigcup \{e\}$，增加 e 后，多增加的相关出现的数目称为相关新增数，用 $I(e,D_1)$ 来表示，其计算方法为 $I(e,D_1)=RS(D_2)-RS(D_1)$。

定义 2.47（一次性条件下新序列）　令 $B=<b_1,b_2,\cdots,b_j,\cdots,b_m>$ 是给定模式 P 和序列串 S 下的一个出现，在一次性条件(one-off condition)下，新序列串

$S^*=s_1^*s_2^*\cdots s_k^*\cdots s_n^*$ 是在出现 B 下的新序列，记为$(S\text{-}B)$，其 s_k^* 计算方法如下：

$$s_k^*=\begin{cases}X, & k=b_j\\ s_k, & k\neq b_j\end{cases} \tag{2.36}$$

式中，X 为一个不可匹配的字符。

例 2.13 给定模式 $P=p_1[0,1]p_2[0,1]p_3=a[0,1]b[0,1]c$，序列串 $S=s_1s_2s_3s_4s_5s_6=$ aabbcc，最小长度和最大长度分别为 MinLen=3、MaxLen=5。

依据给定条件可知，模式 P 在序列串 S 中所有出现 $N(P,S)$ 是{<1,3,5>,<2,3,5>, <2,4,5>,<2,4,6>}，故$|N(P,S)|$为 4。依据定义 2.43 可知，MPMGOOC 问题的解是 {<1,3,5>,<2,4,6>}，因为这两个出现是 $N(P,S)$ 中互不相关最大子集。

例 2.14 与例 2.13 相同的 P、S 及全局约束条件，并令两个出现 $B=<2,4,6>$、$C=<2,4,5>$，以及 $D=\{3,4\}$ 和 $i=2$。

依据定义 2.42 可知，出现 B 和 C 是相关的，因为出现 B 和 C 中都包含位置 5；依据定义 2.44 可知，出现 B 和 C 都与集合 D 是相关的，因为出现 B 和 C 分别包含 3 和 4，而 3 和 4 是集合 D 的两个元素。依据定义 2.44 和 2.45 可知，RO(B)=3、RO(C)=4、RP(i)=3 及 RS(D)=4。依据定义 2.47 可知，在一次性条件下，在出现 B 下的新序列串为 aXbXcX。

例 2.15 与例 2.13 相同的 P、S 及全局约束条件，并令 e=3 且 $D_1=\{3,5\}$。

依据定义 2.44 和定义 2.46 可知，RS(D_1)=3 且 $I(b,D_1)$=RS$(\{3,4,5\})$-RS$(\{3,5\})$=1。

2. 问题复杂性分析

定义 2.48（迭代洗牌） 给定一个字符集Σ及两个均属于Σ^*且长度为 k 的字符串 $V=v_1v_2\cdots v_k$ 和 $W=w_1w_2\cdots w_k$，用"$V\odot W$"表示洗牌 V 和 W，$V\odot W$ 可以定义为：$V\odot W=\{v_1w_1v_2w_2\cdots v_kw_k|$对于任意 $1\leq j\leq k$ 都有 $v_j\in\Sigma$ 且 $w_j\in\Sigma\}$。迭代洗牌 X 就是其可以表示为$\varepsilon\cup\{V\}\cup\{V\odot V\}\cup\{V\odot V\odot V\}\cup\cdots$，这里$\varepsilon$表示空集。迭代洗牌的判定问题是：给定一个字符串 X，判定其是否由字符串 V 迭代洗牌构成[35]。

引理 2.9 判定一个字符串 X 是否由字符 V 迭代洗牌构成，其计算复杂性为 NP-Complete 问题。

证明： Warmuth 和 Haussler[35]在 1984 年给出了这个问题的计算复杂性证明。

例 2.16 给定字符串 X=ataatt 和字符串 V=at。

X 是对字符串 V 迭代洗牌的结果，因为$X\in\{V\odot V\odot V\}$；但是 X'=atatta 不是对 V 迭代洗牌的结果，因为子串 atta 不是对 V 迭代洗牌的结果。

定理 2.10 一次性条件约束的模式匹配的判定问题计算复杂性为 NP-Complete 问题。

证明： 显然判定模式串 P 在序列串 S 中出现次数是否为 t 个的计算复杂性和判定序列串 S 是否由 t 次对模式串 P 迭代洗牌操作的计算复杂性是一致的。

由于一次性条件约束的模式匹配的判定问题计算复杂性为 NP-Complete 问题，因此具有一般间隙及一次性条件约束的模式匹配这个优化问题的计算复杂性为 NP-Hard 问题。因此，对此问题的求解可以采用启发式策略[18,36]。

2.5.2　求解算法

定义 2.49（祖先集）　如果结点 b 在结点 c 与某一结点的路径上，则称结点 b 是结点 c 的祖先。当前结点看作自身的一个祖先。结点 c 的祖先集是由结点 c 的所有祖先构成的，用 $A(c)$ 表示。

定义 2.50（共同祖先集）　给定一个结点集合 $D=\{d_1,d_2,\cdots,d_l\}$，集合 D 的所有元素的祖先集的交集称为集合 D 的共同祖先集（common ascendant），用 $C(D)$ 表示，其计算方法如式（2.37）：

$$C(D) = A(d_1) \bigcap A(d_2) \bigcap \cdots \bigcap A(d_l) \tag{2.37}$$

定义 2.51（树根路径数）　从结点 n_j^i 到达根结点的路径数称为树根路径数（root path number，RPN），用 $N_r(n_j^i)$ 表示。根结点 n_1^i 树根路径数为 1，即 $N_r(n_1^i)=1$。

性质 2.3　结点 n_j^i 的树根路径数是其所有双亲结点的树根路径数之和，即

$$N_r(n_j^i)=\sum_{k=1}^{h}N_r(n_{j-1}^{i_k}) \tag{2.38}$$

式中，$n_{j-1}^{i_k}$ 为结点 n_j^i 的第 k 个双亲；h 为结点 n_j^i 的双亲数。

定义 2.52（叶子路径数）　从结点 n_j^i 到达第 m 层叶子结点的路径数称为叶子路径数（leaf path number，LPN），用 $N_l(n_j^i)$ 来表示，这里 m 是网树的深度。叶子 n_m^i 的叶子路径数为 1，即 $N_l(n_m^i)=1$。

性质 2.4　结点 n_j^i 的叶子路径数是其所有孩子结点的叶子路径数之和，即

$$N_l(n_j^i) = \sum_{k=1}^{h}N_l(n_{j+1}^{i_k}) \tag{2.39}$$

式中，$n_{j+1}^{i_k}$ 为结点 n_j^i 的第 k 个孩子；h 为结点 n_j^i 的孩子数。

定义 2.53（树根—叶子路径数）　从所有根结点到第 m 层叶子结点的所有路径中包含结点 n_j^i 的路径数称为树根—叶子路径数（root-leaf path number，RLPN），用 $N_p(n_j^i)$ 表示。

性质 2.5　结点 n_j^i 的树根—叶子路径数是其树根路径数与其叶子路径数之积，即

$$N_p(n_j^i)=N_r(n_j^i)N_l(n_j^i) \tag{2.40}$$

性质 2.6　位置 i 的位置相关数是网树中结点名称是 i 的结点的树根—叶子路径数之和，即

$$\mathrm{RP}(i) = \sum_{j=1}^{m}N_p(n_j^i) \tag{2.41}$$

式中，m 为网树的深度。

定义 2.54（路径分支数）　　位置 i 在集合 D 的共同祖先集中的所有树根路径数称为位置 i 在集合 D 的路径分支数，用 pb(I,D) 表示。

性质 2.7　　位置 i 在集合 D 的路径分支数是共同祖先集 $C(D)$ 中结点名称是 i 的结点的树根路径数之和，即

$$\text{pb}(I,D)=\sum_{j=1}^{l} N_r(n_j^i) \qquad\qquad (2.42)$$

式中，l 为共同祖先集的深度。

为了解决 MPMGOOC 问题的全局约束，又定义了结点的最小根和最大根的概念。

定义 2.55（最小根、最大根）　　一个结点可以抵达的最小根结点称为该结点的最小根，其可以抵达的最大根结点称为该结点的最大根。网树中根结点的最小根和最大根都是其自身。

性质 2.8　　结点的最小根和最大根分别是其所有双亲结点的最小根集合中的最小值和最大根集合中的最大值。

定义 2.56（最右双亲结点）　　结点的所有双亲结点中最后一个双亲结点称为该结点的最右双亲结点。

为了求解 MPMGOOC 问题[34]，一个合理的启发式策略是每次选择出现相关数较小的出现 B 作为结果。为了找到这个出现 B，第二个合理的启发式策略是每次选择相关新增数较小的点以便形成出现 B。每次查找并计算相关新增数较小的点的时间复杂度较高，第三个启发式策略是用位置相关数较小的点来替代相关新增数较小的点。

采用每个结点的树根路径数、叶子路径数及树根—叶子路径数等网树的特殊概念及其性质实现对位置相关数的计算。此外，还利用网树的最大根和最小根的概念与性质，对 MPMGOOC 问题的全局约束条件进行考虑。这样就将 MPMGOOC 问题等价地转换为一棵网树，并在此基础上设计出贪婪搜索双亲策略（strategy of greedy-search parents，SGSP），实现计算一个出现 B_1。因此，在 SGSP 策略中应用第二个和第三个启发式策略。此外，还利用最右双亲结点、最小根和最大根等概念设计最右双亲策略（strategy of rightmost parents，SRMP），实现了求解一个出现 B_2。选择最好出现（selecting better occurrence，SBO）算法是择优使用 B_1 或 B_2，进而能够实现每次选择出现相关数较小的出现的一种启发策略。

1. 运行实例

例 2.17　　给定模式 $P=p_1[0,1]p_2[0,1]p_3[0,1]p_4=a[0,1]a[0,1]a[0,1]$b，序列串 $S=s_1s_2s_3s_4s_5s_6s_7s_8=$aaaaaabb，以及最小和最大长度 MinLen=4、MaxLen=7。

依据网树的创建规则，创建结果如图 2.18（a）所示。从图 2.18（a）中可以

看出，某些位置索引被创建为多个网树结点。例如，位置索引 2 被创建为 3 个网树结点，分别位于网树的第 1、2 和 3 层，因为 s_3=a 可以与 p_1=a、p_2=a 和 p_3=a 分别匹配。依据性质 2.8 对每个结点的最小根和最大根进行计算，其结果给出在每个结点的上方。使用结点的最小根和最大根可以判断当前结点及其祖先集结点是否满足全局约束。例如，因为结点 8 的最小根和最大根分别为 2 和 4，且 4=MinLen≤8-4+1≤8-2+1≤MaxLen=7，因此结点 8 及其祖先集结点都满足全局约束。易知本实例中所有匹配都满足全局约束。

网树第 4 层的最后叶子结点是 n_4^8，因此 SBO 算法调用 SGSP 和 SRMP 两种策略来分别计算两个包含结点 n_4^8 的出现。SGSP 策略的工作过程如下：

第 1 行按照性质 2.3 计算每个结点的 RPN 额值。例如，$N_r(n_2^4)$ 是 2，这是因为结点 n_2^4 有两个双亲结点 n_1^2 和 n_1^3 且 $N_r(n_1^2)$=$N_r(n_1^3)$=1，每个结点的 RPN 值在图 2.18（b）中每个结点的上方给出。

第 2 行按照性质 2.4 计算每个结点的 LPN 值。例如，$N_l(n_3^3)$=$N_l(n_3^4)$=0，因为结点 n_3^3 和 n_3^3 都不能抵达网树的第 4 层叶子结点；$N_l(n_2^4)$=3，因为结点 n_2^4 有两个孩子结点 n_3^5 和 n_3^6 且 $N_l(n_3^5)$=1、$N_l(n_3^6)$=2，每个结点的 LPN 值在图 2.18（b）中每个结点的右边给出。

第 3 行按照性质 2.5 计算每个结点的 RLPN 值。例如，$N_p(n_2^4)$=$N_r(n_2^4)N_l(n_2^4)$=6，每个结点的 RLPN 值在图 2.18（b）中每个结点的左边给出。

第 4 行按照性质 2.6 计算每个位置的位置相关数。例如，RP(3)=$N_p(n_1^3)$+$N_p(n_2^3)$+$N_p(n_3^3)$=7；同理，RP(1)=1、RP(2)=3、RP(4)=8、RP(5)=8、RP(6)=8、RP(7)=8 且 RP(8)=4。

第 6~16 行是迭代寻找一个包含叶子结点 n_4^8 的出现 B。SGSP 首先找结点 n_4^8 的近似优化双亲结点（approximately optimal parent nodes，AOP），结点 n_3^6 是结点 n_4^8 的 AOP，因为结点 n_4^8 只有一个双亲结点 n_3^6。接下来寻找结点 n_3^6 的 AOP，从结点 n_3^6 的双亲结点中选择位置相关数最小的结点作为其 AOP。结点 n_3^6 有两个双亲结点，分别是结点 n_2^4 和 n_2^5 且 RP(4)=RP(5)=8。在这种情况下，需要比较位置 4 和 5 在结点集 $\{n_3^6, n_4^8\}$ 的共同祖先集中的路径分支数，即 pb(4,$\{n_3^6, n_4^8\}$) 和 pb(5, $\{n_3^6, n_4^8\}$)。图 2.18（c）给出了结点集 $\{n_3^6, n_4^8\}$ 的共同祖先集，由于 pb(4,$\{n_3^6, n_4^8\}$)=$N_r(n_2^4)$+$N_r(n_1^4)$=3 且 pb(5,$\{n_3^6, n_4^8\}$)=$N_r(n_2^5)$=2，这样结点 n_2^4 被看作结点 n_3^6 的 AOP，因为 SGSP 策略选择路径分支数较大的双亲结点作为当前结点的 AOP 且 $I(4,\{n_3^6, n_4^8\})$<$I(5,\{n_3^6, n_4^8\})$。最后，SGSP 计算结点 n_2^4 的 AOP，结点 n_2^4 有两个双亲结点 n_1^2 和 n_1^3。结点 n_2^4 的 AOP 是结点 n_1^2，因为 RP(2)=3<RP(3)=7。因此，SGSP 策略的计算结果为<2,4,6,8>。

依据 SRMP 策略，当叶子结点 n_4^8 给定后，容易找到结点 n_3^6 是结点 n_4^8 的最右双亲结点，结点 n_2^5 是结点 n_3^6 的最右双亲结点，而结点 n_1^4 是结点 n_2^5 的最右双亲结点。因此，SRMP 策略的计算结果为<4,5,6,8>。

　　SBO 算法选择 SGSP 和 SRMP 策略的结果中相关出现数较小的出现作为算法的一个出现。易知 RO(<2,4,6,8>)和 RO(<4,5,6,8>)分别是 7 和 8，所以 SBO 算法选择<2,4,6,8>作为算法的一个出现。

　　在出现<2,4,6,8>不再被使用的情况下，新序列串为 aXaXaXbX。SBO 算法的第 11 行重新计算了在新序列串下各个结点的 RPN。图 2.18（d）给出了在新序列串下的网树，此时 SBO 算法的结果为<1,3,5,7>。因此，SBO 算法针对本问题找到的解为<1,3,5,7>和<2,4,6,8>。

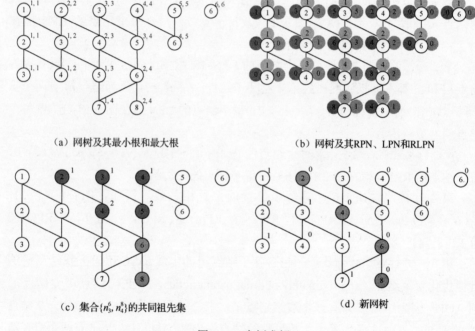

（a）网树及其最小根和最大根　　　　　　　（b）网树及其RPN、LPN和RLPN

（c）集合 $\{n_3^6, n_4^8\}$ 的共同祖先集　　　　　　（d）新网树

图 2.18　实例求解

2. SBO 算法

　　SBO 算法的第一步是将模式匹配问题转化为一棵网树，即依据 P 和 S 创建一棵网树。当接收一个字符 $s_i(1 \leqslant i < n)$ 时，检查 s_i 是否满足如下 3 条规则，如果满足相应规则，则按照对应规则创建一个结点或一条边。

　　规则 2.6　　如果 $s_i = p_1$，则在第 1 层创建结点 n_1^i。

　　规则 2.7　　如果 $s_i = p_j$ 且 i 与第 $j-1$ 层某个结点 n_{j-1}^e 的距离满足局部约束条件（ $\min_{j-1} \leqslant i-e-1 \leqslant \max_{j-1}$），则在第 j 层创建结点 n_j^i 并在结点 n_{j-1}^e 与新建结点 n_j^i 之间建立"双亲-孩子关系"和"孩子-双亲关系"。

规则 2.8　　如果结点 n_j^i 和 n_{j-1}^q 之间的距离满足局部约束条件（$\min_{j-1} \leqslant i-q-1 \leqslant \max_{j-1}$），则可以在这两个结点之间建立"双亲-孩子关系"和"孩子-双亲关系"。

SBO 算法的第二步是依据定义 2.56 和性质 2.8 计算每个结点的最小根和最大根。

SBO 算法在该网树下解决 MPMGOOC 问题，具体方案如下：如果出现 B 的相关出现数越小，则出现 B 越有可能是一个最优出现。为了找到相关出现数较小的出现，SBO 算法从网树最后一个叶子结点开始依次向上查找包含该叶子结点的出现。为了找到局部最优解，SBO 算法采用了 SGSP 和 SRMP 两种策略寻找具有相同叶子结点的两个出现，并在两个出现中选择相关出现数较小的出现作为 SBO 算法的一个最优出现。之后依据定义 2.47 重新计算新序列串，并在新序列串中寻找下一个最优出现。迭代此过程，直至所有叶子结点都被检测一遍为止。因此，SBO 算法如下：

算法 2.5　SBO 算法
输入：模式 P，序列 S，长度约束 MinLen 和 MaxLen
输出：解 C

```
1:依据 P 和 S 建立一棵网树;
2:计算每个结点的最小根和最大根;
3: for k=第 m 层叶子结点数 downto 1 step -1
4:      B1= SGSP (第 k 个叶子结点);
5:      y1=RO(B1);
6:      B2= SRMP (第 k 个叶子结点);
7:      y2=RO(B2);
8:      if (y1<y2)    B=B1;    else    B=B2;
9:      C=C∪B;
10:     S=S - B;
11:     依据新的 S 重新计算各个结点的 RPN;
12: next k
13:return C;
```

---

3. SGSP 策略

为了找到包含第 m 层叶子结点 f 的出现 B，SGSP 的核心思想是采用贪婪策略寻找局部最优解，即 m-1 次寻找当前结点的 AOP。当前结点的 AOP 是指在满足全局约束的双亲结点中查找位置相关数最小的双亲结点作为当前结点的 AOP；若两个双亲结点的位置相关数相同，则在已获得路径 B 的共同祖先集中选择路径分支数最大的双亲结点作为当前结点的 AOP。因此，SGSP 策略可描述为首先计算

每个结点的 RPN、LPN 和 RLPN，然后计算每个位置的位置相关数，之后 SGSP
迭代 m-1 次寻找当前结点的 AOP，具体给出如下：

算法 2.6　SGSP 算法

输入：叶子结点 f

输出：出现 B

```
1: 依据性质 2.3 计算每个结点的树根路径数;
2: 依据性质 2.4 计算每个结点的叶子路径数;
3: 依据性质 2.5 计算每个结点的树根—叶子路径数;
4: 依据性质 2.6 计算每个位置的位置相关数;
5: B[m]= f;
6: for j=m-1 downto 1 step -1 do
7:      依据性质 2.7 计算每个位置 x 在已有路径 B 下的路径分支数 pb(x,B);
8:      r=B[j+1].number_of_parents;
9:      B[j]= B[j+1].parent[r-1];
10:      for k=r-1 downto 1 step -1 do
11:         if B[j+1].parent[k] 满足全局约束 then
12:            if (RP(B[j])>RP(B[j+1].parent[k])) then  B[j]=
                          B[j+1].parent[k];
13:            if ((RP(B[j])=RP(B[j+1].parent[k])) and (pb(B[j+
               1].parent[k],B)
                             >= pb(B[j],B))) then   B[j]=
                          B[j+1].parent[k] ;
14:         end if
15:      end for
16: end for
17: return B;
```

---

4. SRMP 策略

为了找到包含第 m 层叶子结点 f 的出现 B，SRMP 算法的核心思想是每次迭
代过程中都选择满足全局约束的最右双亲结点，具体给出如下：

算法 2.7　SRMP 算法

输入：叶子结点 f

输出：一个出现 B

```
1: B[m]= f;
2: for j=m-1 downto 1 step -1 do
3:      迭代查找一个满足全局约束的最右双亲结点作为当前结点的双亲结点;
4: end for
5: return B
```

---

5. 算法复杂性分析

定理 2.11　SBO 算法的空间复杂度是 $O(Wmn)$。

证明： 因为网树的深度为 m，网树上每层最多有 n 个结点，每个结点最多有 m 个双亲结点，这里 m、n 和 W 分别是模式 P 和序列串 S 的长度及模式 P 的最大间隙长度。证毕。

定理 2.12　SBO 算法的时间复杂度为 $O[Wn(n+m^2)]$。

证明： 在讨论 SBO 算法的时间复杂度之前，首先讨论 SGSP 和 SRMP 策略的时间复杂度。易知 SRMP 策略的时间复杂度为 $O(Wm)$。SGSP 策略的时间复杂度分析如下：SGSP 的第 1 行和第 2 行（为每个结点计算 RPN 和 LPN）的时间复杂度都是 $O(Wmn)$，由于每个双亲-孩子关系都需要考虑，而按照算法的空间复杂度分析可知网树最多有 Wmn 个双亲-孩子关系；SGSP 的第 3 行和第 4 行的时间复杂度都是 $O(mn)$，因为每个结点都需要被计算，而网树上最多有 mn 个结点；第 7 行的时间复杂度为 $O(m^2W)$，因为计算 pb(x,B) 的时间复杂度是 B 的共同祖先集下结点的数量 [其为 $O(m^2W)$]，这样第 6～16 行的时间复杂度为 $O(m^3W)$。因此，SGSP 策略的时间复杂度为 $O[Wm(n+m^2)]$。

SBO 算法的时间复杂度分析如下：由 SBO 算法的空间复杂度分析易知，SBO 算法第 1 行和第 2 行的时间复杂度都是 $O(Wmn)$。SBO 算法第 4 行的时间复杂度是 $O[Wm(n+m^2)]$。而给定一个出现 B，计算 $S^*=S-B$ 的时间复杂度是 $O(m)$。RO(B) 的计算方法采用 $|T(S,P)|-|T(S^*,P)|$ 的方法，因为计算 $|T(S,P)|$ 的时间复杂度是 $O(Wmn)$，所以计算 RO(B) 的时间复杂度也是 $O(Wmn)$。SBO 算法第 6 行的时间复杂度是 $O(Wm)$，SBO 算法第 8～10 行的时间复杂度均是 $O(m)$，因为模式 P 的长度为 m，SBO 算法第 11 行的时间复杂度是 $O(Wmn)$。这样算法从第 3 行到第 12 行的时间复杂度为 $O[Wm(n+m^2)n/m]=O[Wn(n+m^2)]$，因为该问题的出现数最多为 n/m 个。因此 SBO 算法的时间复杂度为 $O[Wn(n+m^2)]$。证毕。

2.5.3　实验结果及分析

这里采用真实生物数据用来对比带有通配符和长度约束的字符串匹配（string matching with wildcards and length constraints，SAIL）[37]算法和 SBO[34]算法的性能。此外，还将 SGSP 和 SRMP 两种策略分别形成两个可以单独计算 MPMGOOC 问题的算法，并分别命名为贪婪搜索双亲算法（algorithm of greedy search parent，AGSP）和最右双亲算法（algorithm of rightMost parent，ARMP）。实验运行的软硬件环境为：Core™ 2 Duo CPU T7100、主频 1.80GHz、内存 1.0GB、Windows 7 操作系统的笔记本计算机。

猪流感 H1N1 病毒在 2009 年大流行，其病毒的 DNA 序列可在美国国家生物计算信息中心下载。该病毒有很多候选序列，这里选择 2010 年 3 月 30 日公布的一个结果[A/Managua/2093.01/2009(H1N1)]中的全部8个片段作为测试序列(表2.2)。

Min 等在其研究工作中给出了一些模式,由于其中 P_5 模式不能在 DNA 序列中应用,因此这里选择其余的 4 个模式($P_1 \sim P_4$)作为部分测试模式。此外,这里又另外构造了 5 个新的模式,表 2.18 给出了全部 9 种模式。

表 2.18　模式串

序号	模式串	最小长度	最大长度
P_1	a[0,3]t[0,3]a[0,3]t[0,3]a[0,3]t[0,3]a[0,3]t[0,3]a[0,3]t[0,3]a	11	41
P_2	g[1,5]t[0,6]a[2,7]g[3,9]t[2,5]a[4,9]g[1,8]t[2,9]a	24	57
P_3	g[1,9]t[1,9]a[1,9]g[1,9]t[1,9]a[1,9]g[1,9]t[1,9]a[1,9]g[1,9]t	21	101
P_4	g[1,5]t[0,6]a[2,7]g[3,9]t[2,5]a[4,9]g[1,8]t[2,9]a[1,9]g[1,9]t	27	73
P_5	a[0,10]a[0,10]t[0,10]c[0,10]g[0,10]g	6	56
P_6	a[0,5]t[0,7]c[0,9]g[0,11]g	5	37
P_7	a[0,5]t[0,7]c[0,6]g[0,8]t[0,7]c[0,9]g	7	49
P_8	a[5,6]c[4,7]g[3,8]t[2,8]a[1,7]c[0,9]g	22	52
P_9	c[0,5]t[0,5]g[0,5]a[0,5]a	5	25

表 2.19　4 种算法的运行时间复杂度

算法名称	时间复杂度
SAIL	$O(W^2nm^2)$[①]
ARMP	$O(Wn^2)$[②]
AGSP	$O[Wn(n+m^2)]$
SBO	$O[Wn(n+m^2)]$

① SAIL 算法的时间复杂度为 $O(n+klmW)$,其中 k 和 l 分别为 p_{m-1} 在 S 中出现的频度和出现的最大跨度。由于 k 的数量级为 $O(n)$,l 的数量级为 $O(Wm)$,因此 SAIL 算法的时间复杂度可以描述为 $O(W^2nm^2)$。

② 尽管 SRMP 策略的时间复杂度为 $O(Wm)$,但是在形成 ARMP 算法后,在每次求解一个出现前,需要执行依据新的 S 重新计算各个结点的 RPN 操作,所以 ARMP 算法的时间复杂度为 $O(Wn^2)$。

表 2.19 给出了这 4 种算法的运行时间复杂度。4 种算法在 S_2 这个最长序列上的全部 9 种模式下的运行时间对比及在 P_1 模式下的全部 8 种序列上的运行时间对比分别如表 2.20 和表 2.21 所示。

表 2.20　S_2 序列上的全部 9 种模式下的运行时间　　　　(单位:ms)

算法名称	P_1	P_2	P_3	P_4	P_5	P_6	P_7	P_8	P_9
SAIL	47	47	63	47	31	16	32	31	16
ARMP	47	297	609	437	735	656	344	234	562
AGSP	47	438	875	563	844	735	421	265	656
SBO	61	468	922	594	969	797	469	282	687

表 2.21　P_1 模式下的全部 8 种序列上的运行时间　　　　（单位：ms）

算法名称	S_1	S_2	S_3	S_4	S_5	S_6	S_7	S_8
SAIL	31	47	31	31	31	≤16①	≤16	≤16
ARMP	63	47	63	79	63	≤16	≤16	≤16
AGSP	78	47	63	94	47	≤16	≤16	≤16
SBO	78	61	63	94	63	≤16	≤16	≤16

① 在运行时间过短的情况下，计算机不能准确报告运行时间，所以这里采用 "≤16" 表示运行时间小于或等于 16ms。

这 4 种算法在全部的 72 个实例上的测试结果如表 2.22 所示。

表 2.22　生物数据测试结果

模式	算法名称	S_1	S_2	S_3	S_4	S_5	S_6	S_7	S_8
P_1	SAIL	13	9	10	15	11	5	3	3
	ARMP	13	9	10	15	11	5	3	3
	AGSP	13	9	10	15	10	5	3	3
	SBO	13	9	10	15	11	5	3	3
P_2	SAIL	66	69	59	54	42	39	31	27
	ARMP	67	71	62	54	42	41	33	28
	AGSP	65	71	61	53	44	42	31	28
	SBO	69	74	64	55	45	42	32	29
P_3	SAIL	66	69	66	54	45	42	33	28
	ARMP	64	70	68	52	43	43	33	26
	AGSP	68	71	67	50	42	43	29	28
	SBO	67	75	68	55	45	45	32	27
P_4	SAIL	49	50	49	40	32	31	24	20
	ARMP	51	58	52	46	37	30	26	21
	AGSP	48	56	51	46	38	33	26	22
	SBO	51	56	53	47	38	34	27	22
P_5	SAIL	207	204	204	147	143	132	100	75
	ARMP	215	208	208	151	147	132	101	76
	AGSP	213	204	206	146	146	133	101	76
	SBO	218	206	209	150	148	134	102	77
P_6	SAIL	186	192	198	144	129	124	94	68
	ARMP	197	198	203	147	141	127	97	70
	AGSP	196	197	201	142	140	125	96	70
	SBO	196	197	202	143	141	126	97	70

续表

模式	算法名称	S_1	S_2	S_3	S_4	S_5	S_6	S_7	S_8
P_7	SAIL	86	94	97	76	66	64	50	39
	ARMP	88	100	100	83	69	67	50	40
	AGSP	90	100	100	81	69	67	51	40
	SBO	90	100	103	84	74	68	51	40
P_8	SAIL	68	66	54	42	46	42	32	26
	ARMP	72	78	59	49	49	45	34	27
	AGSP	72	77	57	49	47	44	34	27
	SBO	72	77	60	49	48	44	34	27
P_9	SAIL	150	174	168	126	112	108	73	61
	ARMP	153	175	170	128	113	109	74	63
	AGSP	153	173	168	127	112	109	74	63
	SBO	153	175	169	128	113	109	74	63

通过上述实验结果，可得如下分析：

1）在解较少的情况下，SAIL 算法可以取得较好的性能，且 ARMP、AGSP 和 SBO 算法的运行时间较短。从表 2.22 中可以看出，P_1 模式在 8 个测试序列上的解较少。在此情况下，SAIL 算法都能够取得最好解；然而在解较多的情况下，SAIL 算法很难取得最好解。尽管 ARMP、AGSP 和 SBO 这 3 种算法时间的复杂度较高，但是在解较少的情况下，这 3 种算法实际运行时间较短；然而在解较多的情况下，这 3 种算法实际运行时间较长并与算法的时间复杂度相吻合。这是由于在解较少的情况下，问题相对较为简单，对应的网树结构也比较简单，这样 SAIL 算法就能够取得最好解并且基于网树的 3 种算法也能很快找到解。因此，P_1 模式不具有普遍意义，在后面的讨论中将忽略 P_1 模式下的 8 个实例的结果。

2）SAIL 算法不适合求解离线 MPMGOOC 问题。从表 2.19 和表 2.20 中可以看出，SAIL 算法的时间复杂度最低且 SAIL 算法的实际求解速度最快，这充分说明 SAIL 算法适用于求解在线问题。但是在求解离线问题时，SAIL 算法解的质量差。在 72 个实例中，SAIL 算法仅有 3 次取得了最好解，说明 SAIL 算法在求解复杂的离线问题时较难获得最好解。此外，SAIL 算法解的质量相对较差，例如，在"P_8-S_2"实例上，SAIL 算法的解为 66，但是求解到的最好解为 78。在 72 个实例中，SAIL 算法的解与最好解之差不小于 4 的实例共有 26 个。这些都充分说明了 SAIL 算法解的质量较差，所以 SAIL 算法不适合求解离线 MPMGOOC 问题。

3）在运行时间增加不大的情况下，SBO 算法的质量最好，说明了 SBO 算法可以较好地求解离线 MPMGOOC 问题。尽管 SBO 算法中包含 SGSP 和 SRMP 两种策略并择优使用其结果，但是从表 2.20 可以看出这样的时间开销并不大。而在解的质量方面，SBO 算法较其他 3 种算法都有显著提高。其具体分析如下：

与 SAIL 算法相比，在 72 个实例中，有 60 个实例 SBO 算法的解结果好于 SAIL

算法且其中 23 个实例两种算法解之差不小于 4；在 "P_3-S_5" 实例上，SBO 算法与 SAIL 算法同时取得了最好解；在 "P_3-S_7"、"P_3-S_8" 和 "P_6-S_4" 实例上，SBO 算法的解较 SAIL 算法的解都只差 1。此外，在很多实例上 SBO 算法大幅度地提高了 SAIL 解的质量。例如，在实例 "P_8-S_2" 上，采用 SAIL 算法的结果仅为 66，而采用 SBO 算法的结果为 77，提高幅度非常显著。这充分说明了 SBO 算法显著地改善了 SAIL 算法的解的质量。

与 ARMP 算法相比，有 32 个实例 SBO 算法的解好于 ARMP 算法且其中有 9 个实例两种算法解之差不小于 3。其中，在 18 个实例上 SBO 算法的解与 ARMP 算法同为最好解；在余下的 14 个实例中，仅在 "P_6-S_4" 实例上差距显著（SBO 算法的解为 143，而 ARMP 算法的解为 147），在 "P_4-S_2" 实例上 SBO 算法较 ARMP 算法差 2，而其余的 12 个实例 SBO 算法较 ARMP 算法都仅差 1。这充分说明了 SBO 算法解的质量好于 ARMP 算法。

与 AGSP 算法相比，有 41 个实例 SBO 算法的解好于 AGSP 算法且其中有 15 个实例两种算法解之差不小于 3；在 21 个实例上 SBO 算法的解与 AGSP 算法相同；在 "P_3-S_1" 和 "P_3-S_8" 两个实例 SBO 算法的解比 AGSP 算法差 1。这充分说明了 SBO 算法解的质量好于 AGSP 算法。

4）SBO 算法之所以能够取得良好的解，是因为 SBO 算法多次运用启发式策略，实现了每次选择出现相关数较小的出现这个启发式策略。但是值得注意的是，应用这个启发式策略在求解 MPMGOOC 问题时，不一定都能得到最好解。实验结果显示，SBO 算法在 16 个实例上未能取得最好解。因此，即使存在第 3 种策略求解出现并择优使用这 3 种策略结果的算法，也不能保证其结果一定优于 SBO 算法。

综上所述，与其他 3 种算法相比，SBO 算法的解的质量最好，且与基于网树的 ASMP 和 AGSP 两种算法相比，时间开销增加不大，充分说明了 SBO 算法适用于求解离线 MPMGOOC 问题。

2.5.4　本节小结

本节首先给出了一次性条件下模式匹配问题的定义，并理论分析了该问题的计算复杂性为一个 NP-Complete 问题；为了获得较多的出现，采用网树结构构建启发式算法 SBO，该算法迭代地选择出现相关数较小的出现，以此获得较多的出现；之后，理论分析了 SBO 算法的时间复杂度与空间复杂度；最后，实验结果验证了 SBO 算法具有较好的求解性能。

2.6　无重叠条件下模式匹配问题

本节将给出无重叠条件下精确模式匹配问题的定义、计算复杂性和求解算法。2.2 节问题是求满足间隙约束的所有出现数目，而本节问题是在 2.2 节问题基础上求满足无重叠条件的最大子集。无重叠条件是与一次性条件类似的一种约束条件，由 2.5 节问题复杂性证明可知，在一次性条件下，问题的计算复杂性为 NP-Hard 问题，因此需要采用启发式算法进行近似求解；然而本节将证明在无重叠条件下，问题的计算复杂性为 P 问题，因此可以构造多项式时间复杂度的完备性求解算法。

2.6.1　问题定义及计算复杂度分析

1.　问题定义

在无重叠条件下，模式、序列和出现的定义与前面的定义完全相同，这里不再赘述。这里仅仅给出与无重叠条件相关的定义[12]。

定义 2.57（无重叠出现）　令 $L=<l_1,l_2,\cdots,l_j,\cdots,l_m>$ 和 $L'=<l_1',l_2',\cdots,l_j',\cdots,l_m'>$ 为两个出现，当且仅当对于任意 $j(1\leqslant j\leqslant m)$ 均有 l_j 不等于 l_j'，即 $l_j\neq l_j'$，则 L 和 L' 是两个无重叠的出现。

定义 2.58（无重叠条件模式匹配）　一个无重叠集合是模式 P 在序列 S 中的所有出现的一个子集，集合中任意两个出现均是无重叠的出现。无重叠条件模式匹配问题是指寻找最大无重叠集合 C，即具有最大出现数的无重叠集合。

定义 2.59（最大出现）　令 $L=<l_1,l_2,\cdots,l_m>$ 是一个出现，与任何其他出现 $L'=<l_1',l_2',\cdots,l_j',\cdots,l_m'>$ 相比，对于任意 $j(1\leqslant j\leqslant m)$ 均有 $l_j\geqslant l_j'$，那么称 L 是最大出现。同理，可以定义最小出现的概念。

定义 2.60（有序的无重叠出现）　令 k 个无重叠出现为 $<d_{1,1},d_{1,2},\cdots,d_{1,m}>$ $<d_{2,1},d_{2,2},\cdots,d_{2,m}>\cdots<d_{k,1},d_{k,2},\cdots,d_{k,m}>$。对于任意 i 和 j 均有 $d_{i,j}$ 小于 $d_{i+1,j}$，即 $d_{i,j}<d_{i+1,j}$，则这些出现为有序的无重叠出现。

例 2.18　给定模式 P=g[0,2]c[0,2]g 及序列 S=gcgcg，模式 P 在序列 S 中的所有出现为<1,2,3><1,2,5><1,4,5><3,4,5>。因此，<1,2>是一个子出现；<1,2,3>和<3,4,5>是两个有序的无重叠出现，分别为最小出现和最大出现。

2.　问题计算复杂度分析

定理 2.13　令 $<c_j,c_{j+1}>$ 和 $<d_j,d_{j+1}>$ 为子模式 $p_j[a_j,b_j]p_{j+1}$ 的两个子出现。如果

$c_j<d_j$ 且 $c_{j+1}>d_{j+1}$，则 $<c_j,d_{j+1}>$ 和 $<d_j,c_{j+1}>$ 也一定是两个子出现；反之，如果 $c_j<d_j$ 且 $c_{j+1}<d_{j+1}$，那么 $<c_j,d_{j+1}>$ 和 $<d_j,c_{j+1}>$ 不一定构成两个子出现。

证明：因为 $<c_j,c_{j+1}>$ 和 $<d_j,d_{j+1}>$ 是两个子出现，可知 $p_j=s_{c_j}=s_{d_j}$、$p_{j+1}=s_{c_{j+1}}=s_{d_{j+1}}$、$a_j\leqslant c_{j+1}-c_j-1\leqslant b_j$ 且 $a_j\leqslant d_{j+1}-d_j-1\leqslant b_j$。这里存在如下两种情况。

情况 1：假设 $c_j<d_j$ 且 $c_{j+1}>d_{j+1}$。由于 $c_{j+1}>d_{j+1}$，可知 $a_j\leqslant d_{j+1}-d_j-1<c_{j+1}-d_j-1$。由于 $c_j<d_j$，可知 $c_{j+1}-d_j-1<c_{j+1}-c_j-1\leqslant b_j$。因此，$c_{j+1}-d_j-1$ 满足局部间隙约束，即 $a_j<c_{j+1}-d_j-1<b_j$，因此 $<d_j,c_{j+1}>$ 是一个子出现。同理可得 $d_{j+1}-c_j-1<c_{j+1}-c_j-1\leqslant b_j$ 且 $a_j\leqslant d_{j+1}-d_j-1<d_{j+1}-c_j-1$，因此 $d_{j+1}-c_j-1$ 满足局部间隙约束，即 $a_j<d_{j+1}-c_j-1<b_j$，因此 $<c_j,d_{j+1}>$ 也是一个子出现。

情况 2：现在假设 $c_j<d_j$ 且 $c_{j+1}<d_{j+1}$。假定 $d_{j+1}-d_j-1$ 的下界为 a_j，当 $d_{j+1}-d_j-1$ 等于 a_j 时，可得 $c_{j+1}-d_j-1<d_{j+1}-d_j-1=a_j$。因此，$<d_j,c_{j+1}>$ 不是一个子出现。

根据情况 1 和情况 2，定理 2.13 得证。证毕。

下面举例说明定理 2.13 的正确性。

例 2.19　给定序列 S=aaccgg 和模式 P=a[0,2]c[0,1]g。由于 $<1,4>$ 和 $<2,3>$ 是子模式 a[0,2]c 的子出现，根据定理 2.13 可知，$<1,3>$ 和 $<2,4>$ 都是子出现。同理，尽管 $<3,5>$ 和 $<4,6>$ 是子模式 c[0,1]g 的子出现，但是 $<3,6>$ 却不是一个子出现。

定理 2.14　无重叠条件的严格模式匹配问题计算复杂性为 P。

证明：设 $\{<c_{1,1},c_{1,2},\cdots,c_{1,m}>,<c_{2,1},c_{2,2},\cdots,c_{2,m}>,\cdots,<c_{k,1},c_{k,2},\cdots,c_{k,m}>\}$ 是一个实例的最大无重叠集合，其中对于任意的 $i(1\leqslant i<k)$ 均有 $c_{i,1}<c_{i+1,1}$ 且 k 不大于 n。由于 $1\leqslant c_{i,1}<c_{i+1,1}\leqslant n$，因此存在至多 n 个无重叠出现。$<c_{i,1},c_{i,2},\cdots,c_{i,m}>$ 与 $<c_{i+1,1},c_{i+1,2},\cdots,c_{i+1,m}>$ 之间存在如下几种情况。

情况 1：如果 $c_{i,j}<c_{i+1,j}$ 且 $c_{i,j+1}<c_{i+1,j+1}$，则不进行任何操作。

情况 2：如果 $c_{i,j}<c_{i+1,j}$ 且 $c_{i,j+1}>c_{i+1,j+1}$ 且 $c_{i,j+2}<c_{i+1,j+2}$（其中 $1\leqslant j\leqslant m-2$），则根据定理 2.13，一定存在另外两个出现 $<c_{i,1},c_{i,2},\cdots,c_{i,j},c_{i+1,j+1},c_{i,j+2},\cdots,c_{i,m}>$ 和 $<c_{i+1,1},c_{i+1,2},\cdots,c_{i+1,j},c_{i,j+1},c_{i+1,j+2},\cdots,c_{i+1,m}>$（交换 $c_{i,j+1}$ 和 $c_{i+1,j+1}$），并用这两个新出现分别替代当前这两个出现 $<c_{i,1},c_{i,2},\cdots,c_{i,m}>$ 和 $<c_{i+1,1},c_{i+1,2},\cdots,c_{i+1,m}>$。

情况 3：如果 $c_{i,j}<c_{i+1,j}$ 且 $c_{i,j+1}>c_{i+1,j+1},\cdots,c_{i,k-1}>c_{i+1,k-1}$ 且 $c_{i,k}<c_{i+1,k}$（其中 $1\leqslant j<k\leqslant m$），则根据定理 2.13，一定存在两个出现 $<c_{i,1},c_{i,2},\cdots,c_{i,j},c_{i+1,j+1},\cdots,c_{i+1,k-1},c_{i,k},\cdots,c_{i,m}>$ 和 $<c_{i+1,1},c_{i+1,2},\cdots,c_{i+1,j},c_{i,j+1},\cdots,c_{i,k-1},c_{i+1,k},\cdots,c_{i+1,m}>$（交换 $<c_{i,j+1},c_{i,j+2},\cdots,c_{i,k-1}>$ 和 $<c_{i+1,j+1},\cdots,c_{i+1,k-1}>$），并用这两个新出现分别替代当前这两个出现 $<c_{i,1},c_{i,2},\cdots,c_{i,m}>$ 和 $<c_{i+1,1},c_{i+1,2},\cdots,c_{i+1,m}>$。

情况 4：如果 $c_{i,j}<c_{i+1,j}$ 且 $c_{i,j+1}>c_{i+1,j+1},\cdots,c_{i,m}>c_{i+1,m}$，则根据定理 2.13，存在另外两个出现 $<c_{i,1},c_{i,2},\cdots,c_{i,j},c_{i+1,j+1},\cdots,c_{i+1,m}>$ 和 $<c_{i+1,1},c_{i+1,2},\cdots,c_{i+1,j},c_{i,j+1},\cdots,c_{i,m}>$（交换 $<c_{i,j+1},c_{i,j+2},\cdots,c_{i,m}>$ 和 $<c_{i+1,j+1},c_{i+1,j+2},\cdots,c_{i+1,m}>$），并用这两个新出现分别替代当前这两个出现 $<c_{i,1},c_{i,2},\cdots,c_{i,m}>$ 和 $<c_{i+1,1},c_{i+1,2},\cdots,c_{i+1,m}>$。

现在，我们考虑全局长度约束。两个新出现的跨距在情况 1、2 和 3 中未改变，因此新出现满足全局长度约束。在情况 4 中，最初的出现满足全局长度约束，即 $MinLen \leq c_{i,m} - c_{i,1} + 1 \leq MaxLen$ 和 $MinLen \leq c_{i+1,m} - c_{i+1,1} + 1 \leq MaxLen$。由于 $c_{i,1} < c_{i+1,1}$ 及 $c_{i,m} > c_{i+1,m}$，因此可知 $MinLen < c_{i+1,m} - c_{i,1} + 1 < MaxLen$ 和 $MinLen \leq c_{i,m} - c_{i+1,1} + 1 \leq MaxLen$，即两个新的出现也满足全局长度约束。

重复上述过程，直到没有一个子出现对可以被替换。根据上面 4 种情况，$<c_{i,1}, c_{i,2}, \cdots, c_{i,m}>$ 和 $<c_{i+1,1}, c_{i+1,2}, \cdots, c_{i+1,m}>$ 两个旧出现被两个新出现替代，因此在这个步骤中无重叠出现数既不会增加也不会减少。通过这个步骤，现在获得了一组新的最大的具有 k 个无重叠出现的无重叠集合 D，即 $\{<d_{1,1}, d_{1,2}, \cdots, d_{1,m}>, <d_{2,1}, d_{2,2}, \cdots, d_{2,m}>, \cdots, <d_{k,1}, d_{k,2}, \cdots, d_{k,m}>\}$。可知这些出现是有序的无重叠出现。

下面证明 $<d_{k,1}, d_{k,2}, \cdots, d_{k,m}>$ 能够被最大出现 $<f_{k,1}, f_{k,2}, \cdots, f_{k,m}>$ 替换。

1）假设 $<d_{k,1}, d_{k,2}, \cdots, d_{k,m}>$ 和 $<f_{k,1}, f_{k,2}, \cdots, f_{k,m}>$ 是相同的。当然，在这种情况下，$<d_{k,1}, d_{k,2}, \cdots, d_{k,m}>$ 能够被 $<f_{k,1}, f_{k,2}, \cdots, f_{k,m}>$ 替换。

2）假设 $<d_{k,1}, d_{k,2}, \cdots, d_{k,m}>$ 和最大出现 $<f_{k,1}, f_{k,2}, \cdots, f_{k,m}>$ 不同，则有如下 3 种情况：

情况 1：若存在 $j(1 \leq j \leq m)$ 满足 $d_{k,j} > f_{k,j}$，这显然与最大出现的定义矛盾。

情况 2：若对于所有 $j(1 \leq j \leq m)$ 均有 $d_{k,j}$ 小于 $f_{k,j}$，即 $d_{k,j} < f_{k,j}$，则显然 $<d_{k,1}, d_{k,2}, \cdots, d_{k,m}>$ 和最大出现 $<f_{k,1}, f_{k,2}, \cdots, f_{k,m}>$ 是两个无重叠出现。因此，该问题有 $k+1$ 个无重叠出现，但是这与假设存在不超过 k 个无重叠出现矛盾。

情况 3：若对于所有 $j(1 \leq j \leq m)$ 均有 $d_{k,j}$ 小于等于 $f_{k,j}$，即 $d_{k,j} \leq f_{k,j}$，则可得 $d_{i,j} < d_{kj} \leq f_{k,j}$，其中 $i < k$。因此，$<f_{k,1}, f_{k,2}, \cdots, f_{k,m}>$ 和其他的无重叠出现不同，即 $<f_{k,1}, f_{k,2}, \cdots, f_{k,m}>$ 与其他 $k-1$ 个无重叠出现 $<d_{1,1}, d_{1,2}, \cdots, d_{1,m}> <d_{2,1}, d_{2,2}, \cdots, d_{2,m}> \cdots <d_{k-1,1}, d_{k-1,2}, \cdots, d_{k-1,m}>$ 均不同。所以，$<d_{k,1}, d_{k,2}, \cdots, d_{k,m}>$ 能够被最大出现 $<f_{k,1}, f_{k,2}, \cdots, f_{k,m}>$ 替换。

综上，无论 $<d_{k,1}, d_{k,2}, \cdots, d_{k,m}>$ 是否是最大出现，$<d_{k,1}, d_{k,2}, \cdots, d_{k,m}>$ 均可被 $<f_{k,1}, f_{k,2}, \cdots, f_{k,m}>$ 替换。因此，根据上述 3 种情况，无重叠出现数在此步骤上既不会增加也不会减少。因此，新的最大的无重叠集合 F 具有 k 个无重叠出现。

在删除出现 $<d_{k,1}, d_{k,2}, \cdots, d_{k,m}>$ 后，可以获得其他的无重叠出现，因为 $<d_{k,1}, d_{k,2}, \cdots, d_{k,m}>$ 与其他 $k-1$ 个无重叠出现 $<d_{1,1}, d_{1,2}, \cdots, d_{1,m}> <d_{2,1}, d_{2,2}, \cdots, d_{2,m}> \cdots <d_{k-1,1}, d_{k-1,2}, \cdots, d_{k-1,m}>$ 的出现不同。因此，可以安全地删除 $<f_{k,1}, f_{k,2}, \cdots, f_{k,m}>$。在删除 $<f_{k,1}, f_{k,2}, \cdots, f_{k,m}>$ 后，它的重叠出现 $<f_{k-1,1}, f_{k-1,2}, \cdots, f_{k-1,m}>$ 即为最大的出现。迭代上述过程，可知 $<d_{k-1,1}, d_{k-1,2}, \cdots, d_{k-1,m}>$ 可以被与其他无重叠出现不同的 $<f_{k-1,1}, f_{k-1,2}, \cdots, f_{k-1,m}>$ 替换。因此可以得出结论，出现 $<d_{i,1}, d_{i,2}, \cdots, d_{i,m}>$ 能够被出现 $<f_{i,1}, f_{i,2}, \cdots, f_{i,m}>$ 替换。

因此，为了求解无重叠条件下的严格模式匹配问题，我们从所有出现中选择最大的出现，然后删除这个出现及与之重叠的出现，重复该过程直到没有出现为止，这种策略称为最大迭代选择出现策略。显然最小迭代选择出现策略也可以解决这个问题。所以，这两种策略都是可行的。上面提到的所有这些步骤均可在 P 下进行求解，因此定理 2.14 得证。证毕。

下面举例说明任何两个无重叠出现均可以被改变为有序的无重叠出现。

例 2.20　给定和例 2.19 相同的序列 S=aaccgg 和模式 P=a[0,2]c[0,1]g，MinLen=4，MaxLen=6，从定理 2.14 中的情况 4 可知<1,4,6>和<2,3,5>是两个无重叠出现，所以可知<1,3,5>和<2,4,6>是该实例的两个有序的无重叠出现，这两个新出现的跨度均为 5，满足全局长度约束。

2.6.2　求解算法

1. 运行实例

这里介绍一个有效的算法 NETLAP-Best，该算法在最坏情况下的时间复杂度为 $O(m^2nW)$。实验结果表明，NETLAP-Best 算法在大多数情况下比时间复杂度为 $O(mnW)$ 的 NETLAP-Nonpruning 算法快。该算法介绍如下。

定义 2.61（最大叶子）　网树上第 m 层的叶子结点称为最大叶子。

定义 2.62（最右树根—叶子路径）　一条将最右双亲结点从最大叶子迭代到其根的树根—叶子路径称为最右树根—叶子路径。由于最大一叶子位于第 m 层，因此该树根—叶子路径的长度为 m。

引理 2.10　令 A 和 B 是两条不包含相同网树结点的树根—叶子路径，A 和 B 所构成的出现就是无重叠出现。

证明：令 A 和 B 分别为 $<n_1^{a_1}, n_2^{a_2}, \cdots, n_m^{a_m}>$ 和 $<n_1^{b_1}, n_2^{b_2}, \cdots, n_m^{b_m}>$，由于 A 和 B 是两条不包含相同网树结点的树根—叶子路径，因此对于任意 $i(1 \leqslant i \leqslant m)$ 均有 $a_i \neq b_i$，所以 $<a_1, a_2, \cdots, a_m>$ 和 $<b_1, b_2, \cdots, b_m>$ 是两个无重叠的出现。证毕。

现在用两个实例来说明网树适合于求解此问题。例 2.21 用来说明在不考虑全局长度约束的情况下如何解决该问题，例 2.22 用来说明如何有效地处理全局长度约束。

例 2.21　给定序列 S=aggtaabgagaabb 和模式 P=a[0,1]g[0,1]a[0,3]b，所有的出现<1,3,5,7><6,8,9,13><9,10,11,13><9,10,11,14><9,10,12,14>均可用网树来表示，如图 2.19（a）所示。

若从第 4 层叶子结点出发，不采用回溯策略就可以获得一个从第 4 层的一个叶子到根的一条路径，而这条路径就对应一个出现。例如，从叶子结点 n_4^7 出发，很容易就可以找到一条路径 $<n_1^1, n_2^3, n_3^5, n_4^7>$，而其对应出现为<1,3,5,7>。

当处理无重叠条件时，网树中的每个结点至多可以被使用一次，因此很容易区分哪些字符可以被重复使用。例如，<6,8,9,13>和<9,10,12,14>是两个无重叠出现，因为 n_1^9 和 n_3^9 是两个不同的结点。类似地，可知<9,10,11,13>和<9,10,12,14>是两个重叠出现，因为它们使用相同的结点 n_1^9 和 n_2^{10}。

如果从树根向树叶层，不采用回溯策略，则容易产生丢失可行出现的现象，举例说明如下。例如，查找从<1>开始的出现，首先可以获得子出现<1,2>，但是因为没有以子出现<1,2>开始的出现，此时若不采用回溯策略，则需要放弃子出现<1,2>，进而导致不能找到以<1>开始的出现。然而在图 2.19（a）中，很容易看出存在一个以<1>开始的出现，即出现<1,3,5,7>，因此这种方法可能会导致丢失一些可行的出现。采用将最右双亲结点从最大叶子迭代到其根的树根—叶子路径则可以有效地避免丢失可行的出现<1,3,5,7>。

现在，用例 2.21 来说明如何有效地解决这个问题。首先，可知图 2.19（a）中第 4 层中最大的叶子为 n_4^{14}。因此，可以通过从 n_4^{14} 迭代查找最大双亲结点方式获得一条树根—叶子路径< n_1^9 , n_2^{10} , n_3^{12} , n_4^{14} >，然后剪枝路径< n_1^9 , n_2^{10} , n_3^{12} , n_4^{14} >，并获得新的网树，如图 2.19（b）所示。

图 2.19（b）中第 4 层的最大叶子结点为 n_4^{13}。n_3^{11} 是 n_4^{13} 最右边的双亲结点，然而 n_3^{11} 没有双亲，因此需要将第 2 层到第 m 层结点中没有双亲的结点剪枝。例如，n_3^{11} 没有双亲，则应将其剪除；n_4^{13} 有双亲 n_3^9，因此不能将其剪枝。在剪枝结点 n_3^{11} 后，新的网树如图 2.19（c）所示。迭代这一过程可以获得路径< n_1^6 , n_2^8 , n_3^9 , n_4^{13} >和< n_1^9 , n_2^{10} , n_3^{12} , n_4^{14} >。因此，例 2.21 存在 3 个无重叠出现<1,3,5,7>、<6,8,9,13>和<9,10,12,14>。

请注意剪枝步骤是必要的。如果结点 n_3^{11} 没有被剪枝，那么 n_3^{11} 为 n_4^{13} 的最右双亲，在图 2.19（b）中找不到包含 n_3^{11} 为 n_4^{13} 的一个出现，意味着通过叶子结点 n_4^{13} 不能找到出现，如果删除无用结点 n_4^{13}，那么会丢失一个有效的出现<6,8,9,13>。因此，如果没有剪枝这一步骤，则必须采用回溯策略来找到出现<6,8,9,13>。

例 2.22　本例考虑全局长度约束。序列和模式与例 2.21 相同，MinLen=7 和 MaxLen=8。图 2.19（d）给出了一棵具有最小根和最大根的网树，每个结点的右上方给出了该结点的最小根和最大根。

由图 2.19（d）可知，结点 n_4^{14} 的最小根和最大根均为 9，所以 14-9+1=6<MinLen=7。因此，叶子结点 n_4^{14} 没有出现，然后处理叶子结点 n_4^{13}。结点 n_4^{13} 的最小根和最大根分别为 6 和 9。由于 13-6+1=8 大于 MinLen 而且不大于 MaxLen，因此应该存在一个满足全局长度约束的出现。结点 n_4^{13} 有两个双亲，分别为结点 n_3^9 和 n_3^{11}。尽管结点 n_3^{11} 是结点 n_4^{13} 的最右双亲，但是 n_4^{13} 不能选择 n_3^{11} 作为其双亲，因为结点 n_3^{11} 的最小根和最大根均为 9，并且 13-9+1=5<MinLen。结点 n_4^{13} 选择结点 n_3^9 作为其双亲，则可以得到出现<6,8,9,13>。由此，可知此例中存在两个出现，分别为<1,3,5,7>

和<6,8,9,13>。因此，应用最小根和最大根可以很容易地处理全局长度约束。

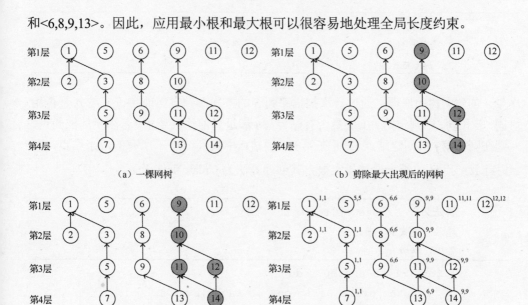

（a）一棵网树　　　　　　　　　（b）剪除最大出现后的网树

（c）剪除结点 n_3^{11} 后的网树　　　　（d）具有最小根和最大根的网树

图 2.19　间隙约束模式匹配问题转换的网树

注：图中灰色结点代表被剪枝的结点。

2. 求解算法

这里介绍 NETLAP-Best 算法，其可以分为如下 4 个具体步骤：

步骤 1：读入模式串和目标序列，创建一棵网树；

步骤 2：当网树的最大可用叶子结点可以抵达树根时，获得最右树根叶子路径 A 及其在网树上的位置 node，否则结束算法；

步骤 3：依据 node 更新网树；

步骤 4：将匹配到的出现放入支持集中，重复步骤 2。

NETLAP-Best 算法具体如下：

算法 2.8　NETLAP-Best 算法

输入：模式 P，序列 S，长度约束 MinLen 和 MaxLen

输出：无重叠出现集合 C

1：采用算法 2.9 创建一棵网树 Nettree；

2：**for** l=the number of nodes in the m-th level downto 1 step-1 **do**

3：　采用算法 2.10 获得最右树根叶—子路径 F；

4：　C=C ∪ F.nodelabel；

```
5:    采用算法 2.11 依据最右树根—叶子路径 F 更新网树结点;
6: end for
7: return C;
```

　　创建网树的原理：通过一次扫描序列 S 的方式，判定当前字符 s_i 与 p_j 是否相同，若相同，则判定第 j-1 层是否有结点与 i 满足局部约束要求。若满足局部约束，则在网树第 j 层创建结点 i，并在第 j-1 层结点中找到结点 n_j^i 所有的双亲结点，同时计算结点 n_j^i 的最小根和最大根。其创建算法为 CreateNetTree。

算法 2.9 CreateNetTree 算法
输入：模式 P，序列 S
输出：网树 Nettree

```
1: for i=1 to n step 1 do
2:   Let the start positions of each level T be 1;
3:    for j=1 to m step 1 do
4:     if (pⱼ=sᵢ) then
5:      if (j=1) then
6:        Nettree[1].add(n¹₁);
7:        The min-root and max-root of n¹₁ are both i;
8:      else
9:       for k=Tⱼ₋₁ to the number of nodes in the j-1ᵗʰ level do
10:        if (the gap between i and the k-th node in the j-1ᵗʰ
              level >bⱼ₋₁) then
11:           Tⱼ₋₁ ++;     //更新 j-1ᵗʰ 层的起始位置
12:           continue;
13:        end if
14:        if nᵢⱼ does not exist then
15:           Nettree[j].add(nⁱⱼ);
16:        end if
17:        The k-th node in the j-1ᵗʰ level is a new parent of nⁱⱼ;
18:        Update the min-root and max-root of nⁱⱼ;
19:       end for
20:      end if
21:     end if
22:    end for
23: end for
```

24:**return** Nettree;

算法 2.10 为 Rightmost 算法，该算法可以获得最右树根—叶子路径 F。

算法 2.10　Rightmost 算法
输入：模式 P，序列 S，长度约束 MinLen 和 MaxLen
输出：无重叠出现 A 及其在各层结点 node 集合

```
1: if Nettree[m][l].reused = true then
2:  F[m]=Nettree[m][l]; //第 m 层 Nettree 的最大叶数
3:  F[m].reused=false;
4:  for i=m downto 2 step -1 do
5:      for j= F[i].parentnumber downto 1 step -1 do
6:          node=F[i].parent[j];
7:          if node can be used and the spans between F[m] and
            min-root or max-root of node satisfy the length
            constraints then
8:           F[i-1]= node;
9:           F[i-1].reused=false;
10:          break;
11:       end if
12:    end for
13:  end for
14:end if
15:return F;
```

引理 2.11　如果一个结点没有最左双亲结点，则可以对其进行剪枝。
证明：由于选择最右树根—叶子路径进行剪枝，因此最左双亲结点是最后被剪枝的双亲。这说明采用最右树根—叶子路径剪枝策略，如果一个结点没有最左双亲结点，它将没有双亲结点，因此可以对该结点进行修剪。证毕。

这里采用结点是否可以重复使用的属性来判断该结点是否被剪枝。如果该属性为假，则意味着该结点被剪枝。剪枝算法 2.11 应用引理 2.11，根据最右树根—叶子路径 F 来剪枝其他没有双亲的结点。

算法 2.11　UpdateNettree 算法
输入：网树 Nettree，模式长度 m，最右树根—叶子路径 F

```
输出: 网树 Nettree
1:for i=2 to m-1 step 1 do
2:   for position=F[i].position downto 1 step -1 do
3:     current=Nettree[i][position];
4:     if current.parent[1].reused=false then
5:       current.reused=false;
6:     else
7:       break;    //找到首个可用结点
8:     end if
9:   end for
10:end for
11:return Nettree;
```

为了验证剪枝算法 2.11 是必要的, 我们还提出了 NETLAP-Nonpruning 算法, 该算法不包含剪枝算法 2.11(算法 2.8 不包含行 5)。可以肯定 NETLAP-Nonpruning 算法将面临和 INSgrow 同样的问题。为了说明剪枝算法 2.11 的有效性, 提出一个名为 NETLAP-Slow 的算法, 其时间复杂度为 $O(mWn^2)$, 该算法对整个网树中没有双亲的结点进行剪枝。

3. 算法分析

定理 2.15　最右树根—叶子路径是模式在序列中的最大出现。

证明: 显然算法 2.10 中的 $F[m]$ 是最大叶子, 因此 $F[m]$ 是所有出现的最大值。现在假设 $F[k]$ 是所有出现的最大值。我们采用反证法证明 $F[k-1]$ 是所有出现的最大值。

在位置 $k-1$ 上, 假定 $I[k-1]$ 是所有出现的最大值并且 $F[k-1]$ 小于 $I[k-1]$, 即 $F[k-1]<I[k-1]$。在这种情况下, 令 $I[k]$ 为子出现 $I[k-1]$ 的最大值, 则有如下 3 种情况。

情况 1: 在 $I[k]>F[k]$ 的情况下, 与 $F[k]$ 是位置 k 所有出现的最大值矛盾。

情况 2: 在 $I[k]<F[k]$ 的情况下, 根据定理 2.13, 可知 $<I[k-1], F[k]>$ 也是一个子出现, 显然这与假设 $I[k]$ 是子出现的最大值矛盾。

情况 3: 在 $I[k]=F[k]$ 的情况下, 由于 $<F[k-1], F[k]>$ 和 $<I[k-1], F[k]>$ 是两个子出现, 但是 $F[k-1]<I[k-1]$ 与假设 $F[k-1]$ 是 $F[k]$ 的最右双亲矛盾。

因此, $F[k-1]$ 是所有出现的最大值。因此, 算法 2.10 中的最右树根—叶子路径是模式匹配中的最大出现。证毕。

定理 2.16　NETLAP-Best 算法是完备性算法。

证明: 通过定理 2.14 可知, 可以采用两种策略来解决该问题, NETLAP-Best

采用算法 2.10 来迭代找到最大出现。因此，NETLAP-Best 是完备的。证毕。

定理 2.17　NETLAP-Best 算法的空间复杂度是 $O(mnW)$，这里 m、n 和 W 分别是模式长度、序列长度及最大间隙[$W=\max(b_i-a_i+1)$]。

证明：由于网树具有 m 层，每层最多有 n 个结点，每个结点最多有 W 个孩子，因此 NETLAP-Best 算法最坏情况下的空间复杂度为 $O(mnW)$。证毕。

定理 2.18　NETLAP-Best 算法的时间复杂度是 $O(m^2nW)$。

证明：算法 2.9 的第 1 行和第 3 行的迭代次数分别为 $O(n)$ 和 $O(m)$。由于每个结点有不多于 W 个双亲，因此第 10 行的迭代次数为 $O(W)$。所以算法 2.9 的时间复杂度为 $O(mnW)$。通过定理 2.17 也可知算法 2.9 的时间复杂度为 $O(mnW)$。由于每个结点有不多于 W 个孩子，因此算法 2.10 的时间复杂度为 $O(mW)$。在第 i 层上有不多于 $W(i-1)$ 个结点没有双亲，因此算法 2.11 检查了不多于 $W(m-1)m$ 个结点。因此，算法 2.11 的时间复杂度为 $O(mmW)$。因为至多有 $n-m$ 个出现，所以 NETLAP-Best 算法最坏情况下的时间复杂度为 $O[mnW+(n-m)(mW+mmW)]=O(m^2nW)$。证毕。

根据定理 2.18 可知，由于 NETLAP-Nonpruning 算法没有应用算法 2.11，因此其时间复杂度为 $O[mnW+(n-m)mW]=O(mnW)$。

2.6.3　实验结果及分析

1. 实验环境及数据

本节所有实验是在 Intel® Core™ 2 Duo CPU、主频 1.99GHz、内存 1.92GB，以及 Windows 7 的操作系统的计算机上完成的。Microsoft Visual C++ 6.0 被用来开发所有的算法，INSgrow、NETLAP-Nonpruning、NETLAP-Slow 及 NETLAP-Best 均可通过访问 https://wuc567.github.io/Wu-Youxi/index 联系作者获取。选择 DNA 和蛋白质序列对算法效果和可扩展性进行评价。本节采用与 2.5 节一次性条件下模式匹配问题完全相同的 DNA 模式串和序列串进行试验，这些模式串和序列串分别如表 2.18 和表 2.2 所示。

2. 实验结果及分析

图 2.20 和图 2.21 分别给出了运行结果和运行时间的对比，对结果分析如下。

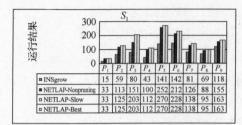

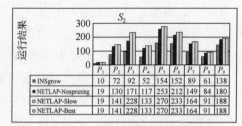

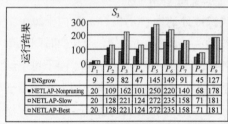

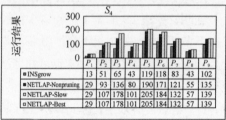

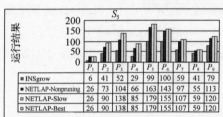

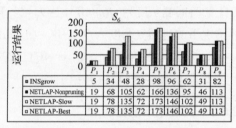

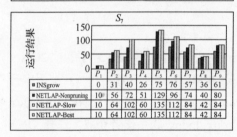

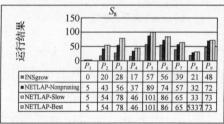

图 2.20　在运行结果上的对比

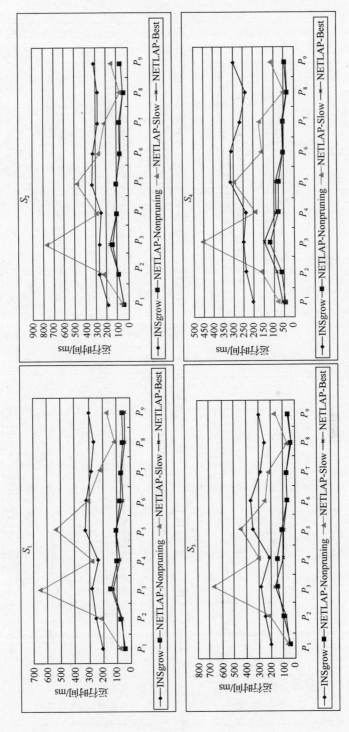

图 2.21　在运行时间上的对比

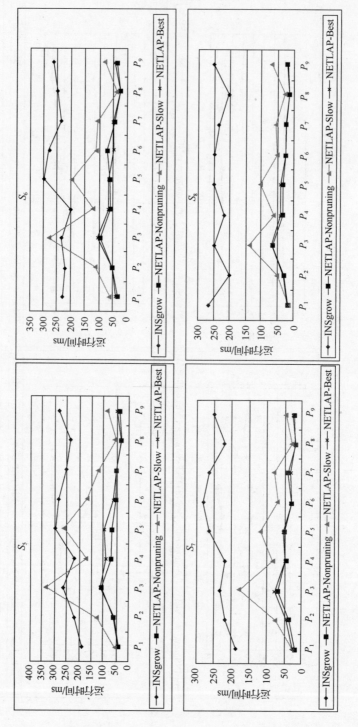

图 2.21（续）

1）NETLAP-Slow 和 NETLAP-Best 是完备的，而 NETLAP-Nonpruning 和 INSgrow 会丢失一些可行出现。通过图 2.20 可以看出，NETLAP-Slow 和 NETLAP-Best 在所有 72 个实例上的结果一致，所有结果均优于 NETLAP-Nonpruning 和 INSgrow 的结果。例如，在序列 S_1 中模式 P_2 上，NETLAP-Slow 和 NETLAP-Best 均获得了 125 个出现，而 INSgrow 和 NETLAP-Nonpruning 的结果分别为 59 和 113。实验结果进一步验证了在生物数据上 NETLAP-Nonpruning 和 INSgrow 算法会丢失一些可行出现，而 NETLAP-Slow 和 NETLAP-Best 是正确的。

2）尽管 NETLAP-Nonpruning 和 INSgrow 会丢失一些可行出现，但是 NETLAP-Nonpruning 的解的质量优于 INSgrow。如上所述，可知 NETLAP-Nonpruning 会面临和 INSgrow 相同的问题。但是如图 2.20 所示，NETLAP-Nonpruning 在所有 72 个实例上的结果要好于 INSgrow，原因是 INSgrow 是从上到下搜索最小出现。从图 2.19 可以看出存在很多无法到达叶子结点的树根结点，因此大量的无重叠出现被误判。NETLAP-Nonpruning 不对结点进行剪枝，所以一些结点不能到达根结点。但是这种现象在 NETLAP-Nonpruning 中要远少于 INSgrow，因此 NETLAP-Nonpruning 要优于 INSgrow。

3）NETLAP-Best 的求解速度比 NETLAP-Slow 快。从图 2.21 中可以看出，在全部 72 个实例上，NETLAP-Best 的求解速度均快于 NETLAP-Slow。例如，在序列 S_3 中模式 P_2 上，NETLAP-Slow 的运行时间为 214ms，而 NETLAP-Best 为 85ms。这是由于与 NETLAP-Slow 相比，NETLAP-Best 运用了更为有效的剪枝策略。

4）NETLAP-Best 的求解速度略快于 NETLAP-Nonpruning。NETLAP-Best 在最坏情况下的时间复杂度为 $O(m^2nW)$；由于 NETLAP-Nonpruning 不对结点进行剪枝，其时间复杂度为 $O(mnW)$。看起来似乎 NETLAP-Nonpruning 应该比 NETLAP-Best 快，但实验结果表明 NETLAP-Nonpruning 略慢。图 2.21 中的很多例子表明，NETLAP-Best 求解速度略快于 NETLAP-Nonpruning。然而在一些例子上，NETLAP-Best 却略慢。例如，在 P_2-S_2 上，NETLAP-Best 花费了 50ms，而 NETLAP-Nonpruning 用了 60ms；但是在 P_4-S_6 上，NETLAP-Best 用了 35ms，而 NETLAP-Nonpruning 仅用了 34ms。如图 2.21 所示，我们计算了在所有 72 个实例上 NETLAP-Best 和 NETLAP-Nonpruning 运算的总时间，分别为 2388ms 和 2513ms，所以 NETLAP-Best 的求解速度略快于 NETLAP-Nonpruning。其原因是仅仅有一些结点需要被剪枝，并且 NETLAP-Best 对结点进行了有效的剪枝，剪枝后 NETLAP-Best 只从有效的叶子结点中搜索最大出现，而 NETLAP-Nonpruning 是从所有的叶子结点中搜索出现，然而其中一些是无效的。例如，如图 2.19（a）所示一棵 4 层网树，可以看出 NETLAP-Nonpruning 需要搜索 4 次来获得最大出现，而 NETLAP-Best 仅需要搜索 3 次。因此，在大多数情况下 NETLAP-Best 算法的求解速度略快于 NETLAP-Nonpruning 算法。

5）INSgrow 算法的求解速度明显快于其他 3 个算法。从图 2.21 中可以看出，INSgrow 指的是右边的时间数据，而其他算法指的是左边的时间数据。在全部 72 个实例上，INSgrow 算法的求解总时间为 177.4ms，求解速度比 NETLAP-Best（2388ms）快 13.5 倍。其原因是 INSgrow 容易，而且会丢失许多可行出现。而其他 3 个算法显然比 INSgrow 复杂，使得错误搜索更少，所以它们的时间肯定比 INSgrow 多。

综上，实验结果证明 NETLAP-Best 算法比其他的算法更有效。

2.6.4　本节小结

本节首先给出了无重叠条件下精确模式匹配问题的定义，并理论证明了该问题是一个多项式时间可解的问题，即 P 问题；无重叠条件模式匹配问题就是网树中任意结点最多可以被使用一次，这样可有效地解决字符重用的甄别问题；为了高效地求解该问题，采用网树结构构建完备性求解算法 NETLAP-Best，该算法从最大叶子结点出发，迭代地选择最右双亲，直至树根层，以此形成无重叠出现，迭代这一过程直至不再产生新的出现；之后，理论分析了 NETLAP-Best 算法的时间复杂度与空间复杂度；最后，实验结果验证了 NETLAP-Best 算法的高效性和完备性。

习　　题

1．间隙约束模式匹配在严格模式匹配中目前存在几种方法？各种方法的各自特点是什么？

2．间隙约束模式匹配在一次性条件下，问题的计算复杂性是什么？

3．本章探讨的是在给定间隙约束下计算一次性条件问题的求解算法，若不给定间隙约束，该问题应该如何求解？

4．本章介绍了间隙约束模式匹配在无重叠条件下的求解算法 NETLAP-Best，是否存在更加高效的或更低空间复杂度的求解算法？

5．NETLAP-Best 是一种针对给定间隙进行求解的算法，该算法是否能够在不给定间隙下进行求解？

6．在题 5 的基础上，如果不给定间隙约束，如何进一步提高 NETLAP-Best 算法的求解效率？

第 3 章　网树求解几种间隙约束的序列模式挖掘问题

本章首先介绍关联规则（association rule）挖掘和序列模式挖掘这两种挖掘方法，并以此为基础介绍间隙约束的序列模式挖掘。

3.1　关联规则挖掘问题

3.1.1　问题定义及分析

关联规则[38]是由 Agrawal 和 Srikant 在 1993 年提出来的，旨在发现顾客购买的商品间令人感兴趣的关系。为了对这一方法进行说明，表 3.1 给出了交易记录。下面根据表 3.1 对关联规则挖掘的相关知识进行讲解。

表 3.1　交易记录

交易号	顾客购买的商品
T_1	冰激凌、茶叶、鸡蛋、肉类
T_2	冰激凌、鸡蛋、肉类
T_3	蛋糕、肉类
T_4	茶叶、肉类
T_5	蛋糕、鸡蛋、肉类
T_6	茶叶、鸡蛋
T_7	茶叶、鸡蛋、啤酒、肉类
T_8	茶叶、鸡蛋、肉类

定义 3.1（项集 I）　项集 I 是由 m 个不同的项目构成的集合[39-40]，即可以描述为 $\{i_1, i_2, \cdots, i_k, \cdots, i_m\}$，其中每个 $i_k(1 \leqslant k \leqslant m)$ 称为一个**项目**，项集中元素的个数称为**项集的长度**。

表 3.1 中每个商品就是一个项目，因此项集为 $I=\{$冰激凌，茶叶，蛋糕，鸡蛋，啤酒，肉类$\}$，其长度为 6。

定义 3.2（交易数据库 D）　交易数据库 D 是由若干交易记录构成的[41-42]，即可以描述为 $\{T_1, T_2, \cdots, T_j, \cdots, T_n\}$，其中每笔**交易** T_j $(1 \leqslant j \leqslant n)$ 是项集 I 的一个子集。$|D|$ 表示 D 中交易的个数，即为 n。

表 3.1 中包含 8 笔交易，因此 $|D|=8$，其中 $T_1=\{$冰激凌，茶叶，鸡蛋，肉类$\}$。

定义 3.3（支持度）　　对于给定项集 X，令 $\text{count}(X)$ 表示交易数据库 D 中包含 X 的交易数[43-44]，则项集 X 的支持度为

$$\text{support}(X) = \text{count}(X)/\mid D \mid \tag{3.1}$$

假定 $X=\{鸡蛋，肉类\}$，则 X 出现在 T_1、T_2、T_5、T_7 和 T_8 中，因此 $\text{count}(X) = 5$，X 的支持度为 0.625，即 $\text{support}(X) = 0.625$。

定义 3.4（最小支持度）　　min_sup 是项集的最小支持度阈值，表示用户关心的关联规则的最低重要性[45]。若项集 X 的支持度不小于 min_sup，则称 X 为频繁集。长度为 k 的频繁集称为 k 频繁集。

假设 min_sup 为 0.25，由于表 3.1 中 $X=\{鸡蛋，肉类\}$ 的支持度是 0.625，因此 X 是 2-频繁集。

定义 3.5（关联规则）　　关联规则是一个蕴含式，即规则 R 可以表示为 $X \Rightarrow Y$ 的形式，其中 $X \subset I$，$Y \subset I$，且 $X \bigcap Y = \varnothing$。规则 R 表示的含义是：若项集 X 在某一交易中出现，则导致 Y 以某一概率也会出现。

用户关心的关联规则可以用两个标准来衡量：支持度和可信度[46]。

定义 3.6（规则 R 的支持度）　　规则 R 的支持度是项集的支持度，反映了 X 和 Y 同时出现的概率，即交易数据库 D 同时包含 X 和 Y 的交易数与 $\mid D \mid$ 之比，其可按照式（3.2）进行计算：

$$\text{support}(X \Rightarrow Y) = \text{count}(X \bigcup Y)/\mid D \mid \tag{3.2}$$

定义 3.7（规则 R 的可信度）　　规则 R 的可信度是如果交易中包含 X，则交易包含 Y 的概率，即指包含 X 和 Y 的支持数与包含 X 的支持数之比或包含 X 和 Y 的交易数与包含 X 的交易数之比，其可按照式（3.3）进行计算：

$$\text{confidence}(X \Rightarrow Y) = \text{support}(X \Rightarrow Y) / \text{support}(X)$$
$$= \text{count}(X \bigcup Y) / \text{count}(X) \tag{3.3}$$

通常来说，只有支持度和可信度较高的关联规则才是用户感兴趣的[47]。

定义 3.8（强关联规则）　　若关联规则 R 的支持度和可信度均不小于给定的最小支持度(min_sup)和最小可信度(min_CONF)，则称 R 为强关联规则。

假定 $X=\{鸡蛋，肉类\}$ 且 $Y=\{茶叶\}$，则 $X \bigcup Y = \{茶叶，鸡蛋，肉类\}$。由于 $\text{count}(X \bigcup Y)$ 出现在 T_1、T_7 和 T_8 中，因此 $\text{support}(X \Rightarrow Y) = \text{count}(X \bigcup Y) / \mid D \mid = 3/8 = 0.375$，且 $\text{confidence}(X \Rightarrow Y) = \text{support}(X \Rightarrow Y) / \text{support}(X) = 0.375 / 0.625 = 0.6$。若最小支持度(min_sup)和最小可信度(min_CONF)分别为 0.25 和 0.5，则规则 R：$X \Rightarrow Y$ 是一条强关联规则。

3.1.2　求解算法

关联规则挖掘中通常包含两个主要任务：

1）找出交易数据库中所有不小于用户指定的最小支持度的频繁集；

2）首先依据频繁集生成所需要的关联规则，然后依据用户设定的最小可信度筛选出强关联规则。

在这两个任务中，找出频繁集是相对比较困难的，而有了频繁集再生成强关联规则则相对容易。生成频繁集比较经典的算法有很多种，本节仅对 Apriori 算法进行介绍，其采用的方法是先找出 1-频繁集，然后找出 2-频繁集，并逐步找出高阶频繁集。其利用的原理是项集支持度的单调性，即长度为 k 的项集支持度一定不会大于其任何非空子集的支持度。根据这一原理，可以获得如下两个定理。

定理 3.1　　如果项目集 X 是频繁集，那么它的非空子集都是频繁集。

定理 3.2　　如果项目集 X 是非频繁集，那么所有包含它的集合都是非频繁集。

根据这两个定理，Apriori 算法采取的流程如下：

算法 3.1　Apriori 算法

输入：交易数据库 D，最小支持度 min_sup

输出：所有频繁集

---

1) 扫描交易数据库 D 时，产生 1-频繁集；

2) 产生 k-候选集，其中每一个候选集都是将两个属于 $k-1$ 频繁集的项集连接产生的，且这两个项集只有一个项不同；

3) 对 k-候选集所有元素进行逐一筛选，以便产生 k-频繁集；

4) 若 k-频繁集不为空，则返回步骤 2)，否则挖掘完毕，返回所有频繁集。

下面举例说明。

表 3.1 的项集 I 为{冰激凌，茶叶，蛋糕，鸡蛋，啤酒，肉类}，以{冰激凌}为例，由于其仅出现在 T_1 和 T_2 中，因此交易次数为 2，这样在扫描一遍以后可以统计出各个项目的交易次数分别为 2、5、2、6、1 和 7，进而可以计算出项集 I 的支持度分别为 0.25、0.625、0.25、0.75、0.125 和 0.875。在 min_sup 为 0.25 的情况下，冰激凌、茶叶、蛋糕、鸡蛋和肉类为频繁项，即 1-频繁集为{{冰激凌}，{茶叶}，{蛋糕}，{鸡蛋}，{肉类}}。

由 1-频繁集生成 2-候选集，分别为{{冰激凌，茶叶}，{冰激凌，蛋糕}，{冰激凌，鸡蛋}，{冰激凌，肉类}，{茶叶，蛋糕}，{茶叶，鸡蛋}，{茶叶，肉类}，{蛋糕，鸡蛋}，{蛋糕，肉类}，{鸡蛋，肉类}}。依次计算各个候选项的交易次数，由于{冰激凌，茶叶}只在 T_1 中出现，因此其交易次数为 1。同理，可以计算全部 2-候选集的交易次数分别为 1、0、2、2、0、4、4、1、2 和 5。进而易知 2-候选集的支持度，从而筛选出 2-频繁集为{{冰激凌，鸡蛋}，{冰激凌，肉类}，{茶叶，鸡蛋}，{茶叶，肉类}，{蛋糕，肉类}，{鸡蛋，肉类}}。

由 2-频繁集生成 3-候选集，分别为{{冰激凌，鸡蛋，肉类}，{冰激凌，茶叶，鸡蛋}，{冰激凌，茶叶，肉类}，{茶叶，鸡蛋，肉类}}。易知{冰激凌，鸡蛋，肉类}出现在 T_1 和 T_2 中,因此交易次数为 2 次;{冰激凌,茶叶,鸡蛋}交易次数为 1 次;{冰激凌,茶叶,肉类}交易次数为 1 次;{茶叶,鸡蛋,肉类}交易次数为 3 次。这样可以分别求得各个项目的支持度并筛选出 3-频繁集,即{{冰激凌,鸡蛋,肉类},{茶叶,鸡蛋,肉类}}。

由 3-频繁集生成 4-候选集,其为{{冰激凌,茶叶,鸡蛋,肉类}}。易知其支持率为 0.125,因此 4-频繁集为空,挖掘结束。

3.1.3　存在的问题

零售业巨头沃尔玛公司应用这一挖掘方法,意外地发现与尿布一起购买最多的商品竟是啤酒,这就是经典的"啤酒和尿布"案例。如今,关联规则挖掘已广泛应用于金融[48]、营销[49]及生物信息学[50]等领域。

关联规则挖掘更多关注的是一次购买行为中的频繁项,如何挖掘多次购买行为中的频繁项将不再采用关联规则挖掘。其现实含义在于,不同消费者可能具有相同的购买模式,一个典型例子就是"数月以前购买了单反相机的客户很可能在一个月内订购新的单反相机配件,如镜头或电池等"。这种挖掘方式称为序列模式挖掘[51-52],该内容将在 3.2 节中进行介绍。

3.1.4　本节小结

本节首先回顾了关联规则挖掘问题的定义,然后通过实例阐明了关联规则挖掘的一种求解算法 Apriori 算法,最后指出了关联规则挖掘存在的问题。

3.2　序列模式挖掘问题

3.2.1　问题定义及分析

序列模式挖掘[53]也是由 Agrawal 和 Srikant 提出的,旨在从用户的多次购买行为中发现行为间的关系,以便采取更为有效的针对性措施。与关联规则挖掘不同,在序列模式挖掘中需要知道顾客的标识号、购买发生的时间及购买的商品名称。知道顾客的标识号是为了挖掘不同顾客间具有的相同的购买行为模式,知道购买发生的时间是为了依据购买先后次序形成有序的序列[54-55]。为了对这一方法进行说明,表 3.2 给出了部分购买事务数据库,顾客标号表示某个特定的顾客,为了进行简化,将某类商品用一个字符来代表。

通过表 3.2 可以看出,顾客 1 在 2018-5-10 购买了商品 C,且在 2018-6-18 一次的购买行为中同时购买了 3 种商品 A、D、E;而顾客 2 则在 2018-5-16 一次的购买行为中同时购买了两种商品 A 和 D。其他表中数据不再逐一进行说明。

　　通过表 3.2 可以进行关联规则挖掘，即发现在一次购买行为中同时被频繁购买的商品。例如，表 3.2 中商品 A 和 D 同时出现了 4 次，由于总共有 10 条交易记录，因此项集{A，D}的支持度为 0.4。这些知识已经在 3.1 节进行了介绍。

表 3.2　部分事务数据库

顾客标号	购买时间	购买商品标号
1	2018-5-10	C
1	2018-6-18	A、D、E
2	2018-5-16	A、D
3	2018-5-9	C
3	2018-6-5	A、B、D
3	2018-6-12	A
4	2018-5-8	C、E
4	2018-6-15	A、D、E
5	2018-6-16	D
5	2018-6-18	A、B

　　在介绍序列模式挖掘前，需要将表 3.2 的事务数据库序列化（sequential）为序列数据库，其处理方式是将相同用户的记录合并，并忽略事务的发生时间，仅仅保留事务间的顺序关系。因此，表 3.2 被序列化后的序列化数据库如表 3.3 所示。

表 3.3　序列化数据库

顾客标号	序列名称	购买商品标号
1	S_1	<C(A D E)>
2	S_2	<(A D)>
3	S_3	<C(A B D)A>
4	S_4	<(C E)(A D E)>
5	S_5	<D(A B)>

　　与关联规则挖掘中的项集概念一样，表 3.3 的序列化数据库的项集为{A,B,C,D,E}。

　　在序列模式挖掘中，有元素和序列两个定义。

　　定义 3.9（元素）　　元素（element）是由若干项目 $x_i(1 \leqslant i \leqslant m)$组成的，其可表示为$(x_1x_2 \cdots x_m)$的形式[56-57]。元素内的项目不考虑顺序关系，通常按照字典序排列。

　　定义 3.10（序列）　　序列（sequence）是若干不同元素的有序排列，序列 S可以表示为 $S=<s_1s_2 \cdots s_n>$，其中 $s_i(1 \leqslant i \leqslant n)$为序列 S 的元素。序列包含的所有项目的个数称为序列的长度，长度为 l 的序列记为 l-序列。

　　定义 3.11　　序列数据库（sequence data base，SDB）是由若干序列构成的，即 SDB 可以表示为 SDB=<$S_1,S_2,\cdots,S_k$>[58-59]，其中 $S_i(1 \leqslant i \leqslant k)$为 SDB 中的一个序列。

例如，表 3.3 中<C(A B D)A>就是一个序列，序列中有 3 个元素，分别为 C、(A B D)和 A，其中元素(A B D)是由 3 个项目组成的，显然<C(A B D)A>这个序列的长度为 5。

定义 3.12（子序列）　设序列 $A=<a_1a_2\cdots a_m>$和序列 $B=<b_1b_2\cdots b_n>$，$a_k(1\leqslant k\leqslant m)$和 $b_k(1\leqslant k\leqslant m)$都是元素。如果存在整数序列 I 有 $1\leqslant i_1<i_2<\cdots<i_m\leqslant n$，使得 $a_1\subseteq b_{i_1}$，$a_2\subseteq b_{i_2}$，$\cdots$，$a_n\subseteq b_{im}$，则称序列 A 为序列 B 的子序列，又称序列 B 包含序列 A，记为 $A\subseteq B$。

例如，<C(A E)>、<C(D E)>、<C(A D E)>均是<(C E)(A D E)>的子序列。

定义 3.13　序列 A 在序列数据库 SDB 中的支持度为序列数据库 SDB 中包含序列 A 的序列个数，记为 Support(A)。

易知<(A D)>在表 3.3 的序列数据库中支持度为 4，因为其在序列 S_1、S_2、S_3 和 S_4 中均有出现。

定义 3.14（频繁序列模式）　如果序列 A 在序列数据库 SDB 中的支持度不低于支持度阈值 sup，则称序列 A 为一个**频繁序列模式**。

3.2.2　求解算法

序列模式挖掘的经典算法有许多种，本节仅介绍 PrefixSpan 算法[60]。该算法需要使用前缀、投影和后缀 3 个概念。

定义 3.15（前缀）　给定序列 $A=<a_1a_2\cdots a_m>$和 $B=<b_1b_2\cdots b_n>$，其中 $m\leqslant n$，且序列中每个元素的所有项目均按照字典序进行了排序，如果 $a_i=b_i(i\leqslant m-1)$，$a_m\subseteq b_m$ 且(b_m-a_m)中的单项均在 b_m 中单项的后面，则称 A 是 B 的前缀。

例如，序列<C>是序列<(C E)(A D E)>的一个前缀，但是序列<E>不是该序列的一个前缀。同理，序列<(C E)>和<(C E) A>均是序列<(C E)(A D E)>的前缀；尽管<(C E)D>是<(C E)(A D E)>的子序列，但是其不是<(C E)(A D E)>的前缀。

定义 3.16（投影）　给定序列 A 和 B，如果 A 是 B 的子序列，则 B 关于 A 的投影 C 必须满足：A 是 C 的前缀，C 是 B 的满足上述条件的最大子序列。

例如，对于序列<(C E)(A D E)>，其子序列<E>的投影是<E(A D E)>，子序列<(C E)>的投影则是原序列<(C E)(A D E)>。

定义 3.17（后缀）　序列 B 的子序列 $A=<b_1b_2\cdots b_{m-1}a_m>$的投影为 $C=<b_1b_2\cdots b_n>$ $(m\leqslant n)$，则序列 B 关于子序列 A 的后缀为$<d_mb_{m+1}\cdots b_n>$，其中 $d_m=(b_m-a_m)$。

例如，对于序列<(C E)(A D E)>，由于其子序列<E>的投影是<E(A D E)>，因此<(C E)(A D E)>对于<E>的后缀为<(A D E)>。

定义 3.18（投影数据库）　设 B 为序列数据库 SDB 中的一个序列模式，则 B 的投影数据库为 SDB 中所有以 B 为前缀的序列相对于 B 的后缀，记为 $SDB|_B$。

定义 3.19（投影数据库中的支持度）　设 B 为序列数据库 SDB 中的一个序列，序列 A 以 B 为前缀，则 A 在 B 的投影数据库 $SDB|_B$ 中的支持度为 $SDB|_B$ 中满

足条件 $A \subseteq B \cdot \gamma$ 的序列 γ 的个数。

PrefixSpan 算法如下:

　　算法 3.2　`PrefixSpan` 算法
　　输入: 序列数据库 `SDB` 及最小支持度阈值 `min_sup`
　　输出: 所有的序列模式
　　方法: 去除所有非频繁的项目, 然后调用子程序 `PrefixSpan(<>,0,SDB)`

子程序 PrefixSpan 如下:

　　子程序 `PrefixSpan(B,L,SDB|`$_B$`)`
　　参数: `B` 表示一个序列模式;
　　　　　`L` 表示序列模式 `B` 的长度;
　　　　　`SDB|`$_B$: 如果 `B` 为空, 则为 `SDB`, 否则为 `B` 的投影数据库
　　扫描 `SDB|`$_B$, 找到满足下述 1) 和 2) 要求且长度为 1 的序列模式 a:
　　1) a 可以添加到 B 的最后一个元素中并为序列模式;
　　2) <a>可以作为 B 的最后一个元素并为序列模式。
　　对每个生成的序列模式 a, 将 a 添加到 B 形成序列模式 A, 并输出 A;
　　对每个A, 构造 A 的投影数据库 `SDB|`$_A$, 并调用子程序 `PrefixSpan(A,L+1,SDB|`$_A$`)`

以表 3.3 为例, 在最小支持度 min_sup=3 的情况下挖掘频繁序列模式, 扫描序列数据库SDB, 产生长度为1的序列模式有<A> : 5,<B> : 2,<C> : 3,<D> : 5,<E> : 2。显然, <A><C><D>是频繁的。去除不频繁的, 表 3.3 可以变为表 3.4 所示的频繁单项序列数据库。

表 3.4　频繁单项序列数据库

顾客标号	序列名称	购买商品标号
1	S_1	<C(A D)>
2	S_2	<(A D)>
3	S_3	<C(A D)A>
4	S_4	<C(A D)>
5	S_5	<D A>

然后为频繁单项生成投影数据库, 得到表 3.5。

表 3.5　频繁单项投影数据库

前缀	投影数据库
<(A)>	<(_ D)> <(_ D)> <(_ D)A><(_ D)><>
<(C)>	<(A D)> <(A D)A><(A D)>
<(D)>	<><><A><><A>

易知, 前缀<(A)>的投影数据库中还有频繁单项_D; 前缀<(C)>的频繁单项 A 和 D, 生成频繁 2 序列<(A D)>,<C(A)>,<C(D)>, 进一步可以挖掘到频繁 3 序列 <C(A D)>。易知不再有频繁项目, 因此挖掘结束。

3.2.3　与关联规则挖掘的区别

下面总结关联规则挖掘与序列模式挖掘的区别，如表 3.6 所示。

表 3.6　关联规则挖掘与序列模式挖掘的区别

挖掘类型	数据集	特点
关联规则挖掘	事务数据库	解决单项间在同一事务内的关系，但是该挖掘不考虑事务间的顺序
序列模式挖掘	序列化数据库	注重事务间的顺序，然而该挖掘未对事务之间的间隔进行考虑，即不存在间隙约束

3.2.4　存在的问题

传统序列模式挖掘也存在一定问题[61-64]。例如，假定序列 S_1 和 S_2 分别为 S_1=ADADADADAD 和 S_2=AD，显然子序列 AD 在 S_1 和 S_2 的出现频度是不一致的，但是传统的序列模式挖掘方法会认为子序列 AD 在 S_1 和 S_2 中均有出现，这显然忽略了子序列 AD 在 S_1 出现频度较高这一事实。在长序列如 DNA 序列中，这种现象将频繁发生，若不加以约束，挖掘的子序列可能存在间隙过大的问题[65-66]。鉴于此，间隙约束序列模式挖掘应运而生[67-68]。

接下来本章将介绍间隙约束序列模式挖掘。与序列模式挖掘不同的是，间隙约束序列模式挖掘是在每个元素都是一个单项的序列数据库上进行挖掘，其是考虑两个单项间的间距的一种挖掘方法[69-70]。

间隙约束的序列模式挖掘是在给定的序列或序列数据库上挖掘频繁的模式，这样就涉及计算一个模式的支持度，而这个问题就是一个模式匹配问题。因此，与间隙约束的模式匹配一样，在间隙约束序列模式挖掘中也分为无特殊条件的序列模式挖掘[71-72]、一次性条件的序列模式挖掘[73-74]和无重叠条件的序列模式挖掘[75-76]。本章将介绍无特殊条件的序列模式挖掘和无重叠条件的序列模式挖掘。

3.2.5　本节小结

本节首先回顾了序列模式挖掘问题的定义；然后通过实例阐明了序列模式挖掘的一种求解算法——PrefixSpan 算法；之后总结了序列模式挖掘与关联规则挖掘的区别；最后指出了序列模式挖掘存在的问题，并对间隙约束序列模式挖掘研究的划分进行了简要介绍。

3.3　无特殊条件下序列模式挖掘问题

无特殊条件的序列模式挖掘是一种研究较早的挖掘方式[77-78]，也是研究较多的一种挖掘方式，是与一次性条件和无重叠条件相比没有任何特殊条件的挖掘形式。无特殊条件的序列模式挖掘是指在支持度的计算过程中，对出现形式不采用任何约束的方式，即与 2.2 节所讲述的无特殊条件下精确模式匹配是一致的。

3.3.1　问题定义及分析

在无特殊条件的序列模式挖掘中，模式串的定义和序列的定义与 2.1 节中的定义 2.1 和定义 2.2 完全一致，这里不再赘述。下面给出本节所需要的一些特殊定义。

定义 3.20（周期间隙模式串）　若 $P=p_1[\min_1,\max_1]p_2\cdots[\min_{j-1},\max_{j-1}]p_j\cdots[\min_{m-1},\max_{m-1}]p_m$ 是一个模式，如果 $\min_1=\min_2=\cdots=\min_{m-1}=M$ 且 $\max_1=\max_2=\cdots=\max_{m-1}=N$，那么模式 P 被称为具有周期间隙模式串。周期间隙模式串 P 也可以记为模式串 $p_1p_2\cdots p_j\cdots p_m$，其周期间隙为[$M,N$]来表示。

例如，A[1,3]C[1,3]C 是一个周期间隙模式串，其周期为[1,3]；而 A[0,3]C[1,3]C 和 A[1,2]C[1,3]C 均不能称为周期间隙模式串，因为各个间隙值不相同。

定义 3.21（偏移序列数）　如果一个下标序列 $D=<d_1,d_2,\cdots,d_m>$ 满足 $M\leqslant d_j-d_{j-1}-1\leqslant N(1<j\leqslant m)$，那么 D 是模式 P 在序列 S 中的一个偏移序列，其中模式 P 的间隙约束是[M,N]。模式 P 在序列 S 中的偏移序列数用 ofs(P,S)来表示。

定义 3.22（支持数）　如果 $I=<i_1,i_2,\cdots,i_j,\cdots,i_m>$ 是模式 P 在序列 S 中的一个偏移序列，且满足 $S_{i_j}=p_j$（$1\leqslant j\leqslant m$ 并且 $1\leqslant i_j\leqslant n$），那么 I 被称为 P 在 S 中的一个支持。这里可以看出，在序列模式挖掘中的支持定义方式与模式匹配中出现的定义是完全一致的。模式 P 在序列 S 中的支持数用 sup(P,S)来表示。

定义 3.23（支持率、频繁模式与非频繁模式）　模式的支持数与偏移序列数的比值称为支持率，记为 $r(P,S)$，因此 $r(P,S)=$sup(P,S)/ofs(P,S)。如果 $r(P,S)$ 的值不小于用户给定的阈值，那么称模式 P 是一个频繁模式，否则模式 P 是一个非频繁模式。

很明显，sup(P,S)不大于 ofs(P,S)，因为每个下标序列都有可能成为一个模式的支持。因此，$0\leqslant r(P,S)\leqslant 1$。模式 P 在主序列 S 中偏移序列的方法如下：令最小间隙为 M，最大间隙为 N，m 为模式 P 的长度，n 为序列 S 的长度，$W=N-M+1$，$l_1=\lfloor(n+M)/(M+1)\rfloor$，$l_2=\lfloor(n+N)/(N+1)\rfloor$，则 ofs($P,S$)可以通过式(3.4)和式(3.5)计算得到。

当 $m>l_1$ 时：

$$\text{ofs}(P,S)=0 \tag{3.4}$$

当 $m\leqslant l_2$ 时：

$$\text{ofs}(P,S)=\{n-(m-1)[(M+N)/2+1]\}W^{m-1} \tag{3.5}$$

当 $l_2<m\leqslant l_1$ 时，ofs(P,S)可以通过一个较为复杂的递归公式求得。本书采用对

长度为 n 的全 a 序列，求解长度为 m 的全 a 模式支持度方式进行计算获得。

例 3.1 给定模式 P_1=A[1,3]C，P_2=G[1,3]C，序列 S=$s_1s_2s_3s_4s_5s_6$=AGCCCT 和阈值 ρ=0.25。

我们可以容易地列举出 P_1 和 P_2 在序列 S 中的偏移序列，即<1,3><1,4><1,5><2,4><2,5><2,6><3,5><3,6><4,6>，因此 ofs(P_1,S)=ofs(P_2,S)=9。P_1 在 S 中的出现包括<1,3><1,4><1,5>，所以 sup(P_1,S)=3。由于 $r(P_1,S)$=sup(P_1,S)/ofs(P_1,S)=3/9≈0.333>ρ，因此 P_1 是一个频繁模式。同时，可以看出 sup(P_2,S)=2，其相应地出现为<2,4>和<2,5>。所以，$r(P_2,S)$=2/9≈0.222<ρ，P_2 是一个非频繁模式。

定义 3.24（候选模式） 如果一个模式 P 需要计算 sup(P,S)方可判断其是否为频繁模式，那么称 P 为候选模式或测试模式。

定义 3.25（超模式、前缀模式和后缀模式） 给定模式 P 和 Q，如果 Q 是 P 的一个子串，那么称 P 是 Q 的超模式，Q 是 P 的子模式。如果子模式 Q 仅包含超模式 P 的前|P|-1 个字符或项，那么 Q 是 P 的一个前缀模式，用 Prefix(P)表示模式 P 的一个前缀模式。同样地，如果 Q 仅包含 P 的最后|P|-1 个字符或项，那么 Q 是 P 的一个后缀模式，用 Suffix(P)来表示 P 的一个后缀模式。

例 3.2 假设模式 P_3=A[1,3]C[1,3]T，Q_1=A，Q_2=C 和 Q_3=A[1,3]C。

Q_1、Q_2 和 Q_3 是 P_3 的子模式，P_3 是 Q_1、Q_2 和 Q_3 的超模式。P_3 的前缀模式和后缀模式分别是 Q_3 和 C[1,3]T。

性质 3.1（Apriori 性质） 频繁模式的非空子模式均为频繁模式，其实质是一种反单调性质。

不同于一般的序列模式挖掘问题，周期间隙约束的序列模式挖掘不满足 Apriori 性质。如下实例说明了周期间隙约束的序列模式不仅支持数不满足单调性，而且支持率也不满足单调性。

例 3.3 假设主序列 S=$s_1s_2s_3s_4s_5$=TCGGG，模式 Q=T[0,3]C，Q 的超模式 P=T[0,3]C[0,3]G。

易知，该实例中 sup(Q,S)=1 和 sup(P,S)=3，因此 sup(Q,S)<sup(P,S)，即超模式的支持数可能大于其子模式的支持数。不仅如此，其支持率也存在同样问题。首先计算 Q 在 S 及 P 在 S 中的偏移序列数：Q 在 S 中的偏移序列为<1,2><1,3><1,4><1,5><2,3><2,4><2,5><3,4><3,5><4,5>，P 在 S 中的偏移序列为<1,2,3><1,2,4><1,2,5><1,3,4><1,3,5><1,4,5><2,3,4><2,3,5><2,4,5><3,4,5>，因此 ofs(Q,S)和 ofs(P,S)均为 10，进而可以知道 $r(Q,S)$=0.1<$r(P,S)$=0.3，即超模式的支持率可能大于其子模式的支持。该实例说明了周期间隙约束的序列模式不仅支持数不满足单调性，而且支持率也不满足单调性，因此该序列模式挖掘不能采用 Apriori 性质挖掘频繁模式。

为了解决这个问题，可以采用 Apriori-like（类 Apriori）性质来有效地裁剪候选模式集，进而得到所有频繁模式。Apriori-like 可以描述为：如果一个模式的支持率小于某个值，那么它的所有超模式都是非频繁的。

引理 3.1　对长度为 m 的模式 Q 和长度为 $m+1$ 的超模式 P，可得

$$\sup(P) \leqslant \sup(Q)w \tag{3.6}$$

式中，$w = N - M + 1$，M 和 N 分别为最小和最大通配符间隙。

证明：令 $I = <i_1, i_2, \cdots, i_j, \cdots, i_m>$ 是模式 Q 在序列 S 中的一个出现，Q 为模式 P 的一个前缀模式，则 P 在序列 S 中至多有 w 个以 I 为前缀的支持，即 $I_1 = <i_1, i_2, \cdots, i_j, \cdots, i_m, i_m + M + 1>$，$I_2 = <i_1, i_2, \cdots, i_j, \cdots, i_m, i_m + M + 2>$，$\cdots$，$I_w = <i_1, i_2, \cdots, i_j, \cdots, i_m, i_m + N + 1>$，所以 $\sup(P) \leqslant \sup(Q)w$。同样地，当 Q 为模式 P 的后缀模式时，可以得到相同的不等式。证毕。

定理 3.3　如果一个长度为 m 的模式 Q 的支持率小于 $\dfrac{n-(d-1)(w-1)}{n-(m-1)(w+1)}\rho$（$d >$ m），那么其所有超模式被认为是非频繁的。其中，d 为最长的频繁模式长度；n 为主序列的长度；$w = N - M + 1$，M 和 N 为最小和最大通配符间隙。

证明：根据定理 3.3 的条件可知，$\dfrac{\sup(Q,S)}{\text{ofs}(Q,S)} < \dfrac{n-(d-1)(w+1)}{n-(m-1)(w+1)}\rho$。假设 P 是模式 Q 的一个超模式且其长度为 k（$m < k \leqslant d$），根据偏移序列计算公式（3.5）可以推出 $\text{ofs}(Q,S) = [n-(m-1)(w+1)]W^{m-1}$ 和 $\text{ofs}(P,S) = [n-(k-1)(w+1)]W^{k-1}$。由式（3.6）可得 $\sup(P,S) \leqslant \sup(Q,S)W^{k-m}$，所以 $\sup(P,S) / \text{ofs}(P,S) \leqslant \dfrac{\sup(Q,S)}{\text{ofs}(Q,S)}$ $\dfrac{n-(m-1)(w+1)}{n-(k-1)(w+1)}\rho \leqslant \dfrac{\sup(Q,S)}{\text{ofs}(Q,S)} \dfrac{n-(m-1)(w+1)}{n-(d-1)(w+1)}\rho < \rho$。证毕。

定义 3.26　利用 Apriori 或 Apriori-like 性质挖掘得到的所有频繁模式可以形成一棵集合枚举树。该集合枚举树的树根为空，从树根到树中每一个结点的路径都表示一个频繁模式。

例 3.4　假设一个 DNA 序列的所有频繁模式为 A、T、C、G、AA、AC、AG、TA、TT、TC、CA、CC、CG、GA、GT、GC、GG、AGA、AGT、AGC。这些频繁模式可以用一棵集合枚举树来表示，如图 3.1 所示。

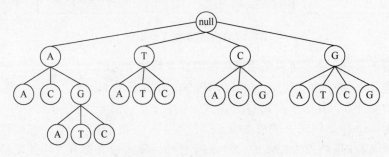

图 3.1　一棵集合枚举树

3.3.2　求解算法

这里先用实例来说明用经典的间隙约束搜索算法（gap constrained search，GCS）计算模式支持度的工作原理，然后结合第 2 章的知识介绍常用网树计算模式支持度的工作原理，进而推出采用不完整网树计算超模式支持度的工作原理。在此基础上，介绍采用队列结构实现的广度优先建立集合枚举树的挖掘算法（mining sequential pattern using incomplete nettree with breadth first search，MAPB）和采用栈结构实现的深度优先建立集合枚举树的挖掘算法（mining sequential pattern using incomplete nettree with depth first search，MAPD）。最后对 MAPB 和 MAPD 算法的正确性和完备性及其时间复杂度和空间复杂度进行分析。

1. 支持度计算算法

序列模式挖掘问题的一个最重要的任务是如何快速地计算一个模式在序列中的支持数，进而判断该模式的频繁性。因此，加快对模式支持数的运算速度也是提高模式挖掘效率的关键之一。较为经典的 GCS 算法采用二维表来计算一个模式在序列中的支持数。下面用例 3.5 说明 GCS 算法的工作原理。

例 3.5　给定序列 $S=\langle s_1 s_2 s_3 s_4 s_5 s_6 s_7 s_8 s_9 s_{10}\rangle=$ TTCCTCCGCG 和模式 P=T[0,3] C[0,1]G。

在 GCS 算法中，一个二维数组 A 将被创建（图 3.2）。如果 $p_i \neq s_j$ $(1\leqslant i\leqslant m, 1\leqslant j\leqslant |S|)$，那么 $A(I,j)=0$。如果 $i=1$ 且 $p_i=s_j$，那么 $A(I,j)=1$，否则 $A(I,j)=\sum_{k=M}^{k=N} A(i-1,j-k-1)$ $(1<i\leqslant m, 1\leqslant j\leqslant |S|)$。数组最后一行元素的总和即为该模式在序列中的支持数。因此，模式 P 在序列 S 中的支持数为 0+0+0+0+0+0+0+5+0+4=9。

S	1	2	3	4	5	6	7	8	9	10
	T	T	C	C	T	C	C	G	C	G
T	1	1	0	0	1	0	0	0	0	0
C	0	0	2	2	0	2	1	0	1	0
G	0	0	0	0	0	0	0	5	0	4

图 3.2　GCS 算法的工作原理

在第 2 章中介绍过可以采用网树的方式求解这个问题。

引理 3.2　网树第 j 层结点$(1\leqslant j\leqslant |P|)$的树根路径数 NRPs 之和为子模式 Q 在序列中的支持数，其中子模式 Q 为模式 P 的前 j 项（前 j 个字符）。

证明：让 Q 是模式 P 的前 j 项（前 j 个字符），$R(n_i^j)$ 是模式 Q 在位置 i 的支持数，所以第 j 层结点$(1\leqslant j\leqslant |P|)$的 NRPs 之和为模式 Q 在序列 S 中的支持数。

例 3.6　给定模式 P=T[0,3]C 和序列 $S=\langle s_1 s_2 s_3 s_4 s_5 s_6 s_7 s_8 s_9 s_{10}\rangle=$TTCCTCCGCG。

　　本例利用一棵网树来解决模式匹配问题，模式 P 在序列 S 上建立的网树如图 3.3 所示。图 3.3 中，白色圆圈和灰色圆圈中的数字分别表示一个结点的名字及其树根路径数（number of root path，NRP）。从根结点到网树第 2 层的一个结点的路径代表模式 P 在序列 S 中的一个出现。例如，从第 1 层结点 1 到第 2 层结点 4 的路径(1,4)即为 P 在 S 中的出现<1,4>。所以，一棵网树能有效地表示 P 在 S 中的所有出现。因此，模式 P 的支持数即为该网树的最后一层结点的树根路径数之和：2+2+2+1+1=8。

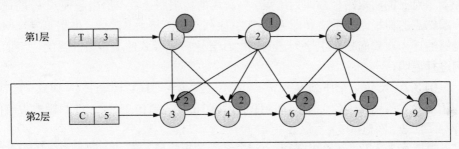

图 3.3　模式 P 在序列 S 上建立的网树

　　根据引理 3.2 可以知道例 3.6 中第 1 层结点的树根路径数之和，即 1+1+1=3，是 P 的前缀模式 Prefix(P)在序列 S 中的支持数；最后一层结点的树根路径数之和为 2+2+2+1+1=8，为模式 P 在序列 S 中的支持数。由此可以看出，长度为 m 的模式 P 的前 $m-1$ 层结点在计算其超模式的支持数时是冗余的，所以在计算模式支持数时，仅需保存该模式在序列中对应网树的最后一层结点。

　　定义 3.27（不完全网树）　　由于在计算超模式的支持度过程中只需要保存该模式在序列中对应网树的最后一层结点，因此这种结构称为不完全网树。

　　定义 3.28（树根路径数）　　从网树第一层的某个结点（即根结点）到该网树其他层的某结点 n_j^i($j>1$)被称为一个树根路径。结点 n_j^i 到根结点的所有树根路径数目被称为该结点的树根路径数，我们用 $R(n_j^i)$ 表示结点 n_j^i 的树根路径数。

　　我们可以通过一次单向扫描同时计算具有多个共同前缀的超模式的支持数，因此模式挖掘算法将进一步提高它的挖掘效率。例如，假设模式 P=T[0,3]C 在一个 DNA 序列中是频繁的，则需要判断其超模式 P_1=T[0,3]C[0,3]A、P_2=T[0,3]C[0,3]T、P_3=T[0,3]C[0,3]C 和 P_4=T[0,3]C[0,3]G 是否是频繁的。若采用传统方法，在计算模式 P 的这 4 个超模式 P_1、P_2、P_3 和 P_4 的支持数的过程中，需要 4 次扫描序列进行逐一计算；若采用不完全网树，则可以通过一次扫描序列进行计算。很显然，后者求解花费的时间要比前者求解花费的时间少得多。不完全网树可通过一次扫描主序列求解模式 P 的多个超模式 $P[M,N]a(a \in \Sigma)$ 的支持数。依据 P 的不完全网树计算所有以 P 为共同前缀的超模式的出现数的原理如下：

　　根据间隙约束[M,N]，创建结点 q 的所有孩子结点，其中结点 q 属于模式 P 的不完全网树中的一个结点。如果 $s_j=\sum\limits_k(q+M+1\leqslant j\leqslant q+N+1,1\leqslant k\leqslant|\Sigma|)$，这里 $\sum\limits_k$ 表示字符集中的第 k 种字符，则需要检查模式 P 的超模式 P_k 的不完全网树是否包含结点 j。如果 P_k 的不完全网树不包含结点 j，则创建结点 j 并将其存储在不完全网树中，结点 j 的树根路径数为结点 q 的树根路径数。否则，如果 P_k 的不完全网树中包含结点 j，则仅需要更新结点 j 的树根路径数，将该结点的树根路径数加上结点 q 的树根路径数即为结点 j 更新后的树根路径数，所以超模式 P_k 的最后一层结点的树根路径数之和即为 P_k 在主序列中的支持数。因此，使用不完全网树能够通过一次单向扫描主序列达到同时计算这些超模式的支持数的目的。下面举例进行说明。

　　例 3.7　给定一个序列 $S=<s_1s_2s_3s_4s_5s_6s_7s_8s_9s_{10}>=$ TTCCTCCGCG，模式 P_1=T[0,3]C[0,3]A、P_2=T[0,3]C[0,3]T、P_3=T[0,3]C[0,3]C、P_4=T[0,3]C[0,3]G 和模式 P=T[0,3]C 的不完全网树。

　　根据定义 3.28，$R(n_j^i)$ 用来表示一个结点的树根路径数。由于间隙约束是[0,3]，从 s_4 到 s_7 依次创建 n_2^3 的孩子结点，因为 s_4=C，P_3=T[0,3]C[0,3]C 且结点 n_3^4 未包含在 P_3 的不完全网树中，所以在 P_3 的不完全网树中创建结点 n_3^4 并修改其树根路径数，即 $R(n_3^4)=R(n_2^3)=2$；然后创建结点 n_3^5 在 P_2 的不完全网树中并修改其树根路径数，$R(n_3^5)=R(n_2^3)=2$。同样地，创建结点 n_3^6、n_3^7 在 P_3 的不完全网树中，$R(n_3^6)=R(n_3^7)=R(n_2^3)=2$。这样依据间隙约束，$n_2^3$ 的所有孩子结点创建完毕。接下来需要从 s_5 到 s_8 创建 n_2^4 的孩子结点，因为 s_5=T 且结点 n_3^5 已包含在 P_2 的不完全网树中，所以仅需更新 n_3^5 的树根路径数，即 $R(n_3^5)=R(n_3^5)+R(n_2^4)=4$。同样地，可以知道 $R(n_3^6)=R(n_3^6)+R(n_2^4)=4$、$R(n_3^7)=R(n_3^7)+R(n_2^4)=4$ 和 $R(n_3^8)=R(n_2^4)=2$。最后，创建 n_2^6、n_2^7 和 n_2^9 的所有孩子结点。图 3.4 给出了模式 P、P_1、P_2、P_3 和 P_4 的不完全网树。通过它们的不完全网树可以很容易地计算出这些模式的支持数，超模式 P_1、P_2、P_3 和 P_4 在序列 S 中的支持数分别为 0、15(2+4+6+3)和 9(5+4)。

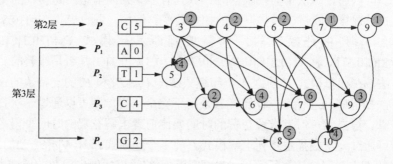

图 3.4　P、P_1、P_2、P_3 和 P_4 的不完全网树

通过上述实例可以看出，用不完全网树计算模式支持数的优势如下：

1）不完全网树仅存储有用的信息，避免计算无用的数据，因此挖掘算法运行时间会大大减少，同时内存空间消耗也有所降低。

2）可以利用模式 P 的不完全网树构造其超模式的不完全网树，从而计算该超模式的支持数，这样可以充分利用先前计算结果进而提高挖掘效率。

根据上述思想，下面用 INSupport 算法来描述如何使用网树同时计算多个具有共同前缀的超模式的支持数。这里用一个自定义结构不完全网树信息（information of the incomplete nettree，IINettree）来描述 INSupport 算法中被挖掘的子序列、它的支持数及不完全网树。为简易方便，用 pattern、sup 和 INtree 作为其相应的简称。所以，IINettree 可以表示成{pattern,sup,INtree}。由于不完全网树的表示是相对直接的，一个不完全网树可以用一个包含所有结点及其相应的 NRP 数组和该数组的大小来表示，因此 IINettree 又可以被写作{pattern,sup,{size,(name$_1$,NRP$_1$),…,(name$_{size}$,NRP$_{size}$)}}。INSupport 算法的输入是模式 P、序列 S 及 P 的不完全网树；输出是 IINettree 的一个数组，用 superps 表示，数组的大小为$|\varSigma|$。例 3.7 中给定了一个序列 S=TTCCTCCGCG 和一个前缀模式 P=T[0,3]C，superps$_2$ 可以表示成{T[0,3]C[0,3]C,15,{4,(4,2),(6,4),(7,6),(9,3)}}，是因为字符 C 在 DNA 序列的字符集{A,C,G,T}中为第 2 个字符。INSupport 算法的具体描述如下：

算法 3.3　INSupport(P,S,INtree)

输入：模式 P、序列 S 和 P 的不完全网树 INtree

输出：以模式 P 为前缀的所有超模式 superps

```
1: superps.sup=0;
2: superps.pattern=P[M,N]Σ;
3:for(i=1; i<=|INtree|; i++)
4:     oldnode= INtree_i;
5:     for (j=oldNode.name+M+1; j<=oldNode.name+N+1; j++)
6:         if (s_j==Σ_k) then
7:             superps_k .sup +=oldnode.NRP;
8:             position=search(superps_k .INtree. j);
9:         //如果 j 不在 superps_k.INtree 中，结果为-1
10:            if (position==-1) then
11:                newnode.name= j;
12:                newnode.NRP=oldNode.NRP;
13:                superps_k. INtree_{size++} =newNode;
14:            else
15:                superps_k.INtree_{position}. NRP+= oldNode.NRP;
16:            end if
```

```
17:     end if
18:   end for
19:end for
20: return superps;
```

2. 序列模式挖掘算法 MAPB

INSupport 算法只是实现了超模式支持度的快速计算,下面采用队列结构实现序列模式挖掘。

队列是一种特殊的线性表,它只允许在表的前端获取元素或删除元素,在表的后端插入元素。其中插入元素的一端称为队尾,获取元素或删除元素的一端称为队头。当队列中没有任何元素时,称为空队列。队列具有先进先出(first in first out,FIFO)的特点,使得先进入队列的元素首先被获取或删除。队列结构既可以用数组实现,也可以用链表实现,我们称采用链表实现的队列结构为链表队列。鉴于所挖掘的各长度下的模式数量不可预知,无法给数组分配确定的长度,因此采用数组存储不可避免地会造成空间的不足或浪费。使用链表结构,一方面仅在需要的时候分配内存空间,避免了数组存储结构带来的弊端;另一方面,在插入、删除元素时无须大量移动元素,因此在排序上比数组更快。

MAPB 是采用不完全网树及上述链表队列结构所设计的周期间隙约束的序列模式挖掘算法。其原理可以具体描述为:首先字符集 Σ 中的每个字符被看作长度为 1 的模式 P,为每个长度为 1 的模式创建其不完全网树并计算它们的支持数,如果模式的支持率不小于 $\beta = \rho [n-(d-1)(w+1)]/[n-(m-1)(w+1)]$(其中 $w=(M+N)/2$, n、d 和 m 分别为主序列的长度、最长的频繁模式长度和模式 P 的长度),则使模式 P 和它的不完全网树入队,之后前缀模式 P 和它的不完全网树出队并检查该模式是否为频繁模式。算法 3.3 用于计算具有相同前缀模式 P 的所有超模式的支持数并创建这些超模式的不完全网树。最后,检查这些超模式的支持率是否小于 β,如果不小于 β,则将该模式及其不完全网树入队,迭代上述过程直到队列为空。显然,该算法利用了 Apriori-like 性质的剪枝策略来裁剪冗余的候选模式并基于广度优先搜索(breadth first search,BFS)策略来构建集合枚举树。

MAPB 算法如下:

算法 3.4 MAPB(S,M,N,ρ,d)
输入: 序列 S,最小间隙 M,最大间隙 N,阈值 ρ 和最长频繁模式长度 d
输出: 所有支持率不小于阈值 ρ 的频繁模式

```
1: patterns.pattern=Σ;
2: for (i=1; i<=n; i++)
3:   if (sᵢ==Σⱼ) then
4:       node.name=i;
```

```
5:          node.NRP=1;
6:          patterns_j.INtree_{size++}=node;
7:      end if
8:  end for
9:  for (j=1; j<=|Σ|; j++)
10:         patterns_j.sup= patterns_j.INtree.size;
11:         if (patterns_j.sup/|S|>=ρ*(n-(d-1)*(w+1))/n)) then
               meta.enqueue(patterns_j);
12: end for
13: while (!meta.empty())
14:     subP =meta.dequeue();
15:     P=subP.pattern;
16:     INtree= subP.INtree;
17:     length=|P|;
18:     calculate r(P,S);
19:     if (r(P,S)>= ρ) then Clength= Clength U P;
20:     superps = INSupport(P,S,INtree);
21:     for (j=1; j<=|Σ|; j++)
22:         Q= superps_j.pattern;
23:         calculate r (Q,S);
24:         if(length+1<=d) then
25:         if (r(Q,S) >=ρ*(n-(d-1)*(w+1))/ (n-length*(w+1))) then
                      meta.enqueue(superps_j);
26:         else
27:             if (r(Q,S)>=ρ) then meta.enqueue(superps_j);
28:         end if
29:     end for
30: end while
31: return C=U C_i;
```

3. 序列模式挖掘算法 MAPD

栈是一种与队列相反的线性表，它只允许在表的同一端插入、删除、获取元素。其中，允许插入、删除、获取元素的一端为栈顶（top），另一端称为栈底（bottom）。通常栈底固定，而栈顶浮动。栈中无元素时称为空栈。插入元素的操作一般称为进栈（push），删除元素的操作称为出栈（pop）。栈可用于函数调用时存储断点，也常用在递归程序中保存一些变量信息。同队列一样，栈也可以采用数组和链表两种结构来实现，采用链表实现的栈称为链表栈。鉴于周期间隙序列模式挖掘的特点（频繁长模式的数量依次递减），MAPD 算法采用链表栈结构进行深度优先搜索，可使得其在运行期间节省大量的空间。相比队列链表结构的广度优先搜索算法，该算法可以对更长的序列进行挖掘，时间上也有所减少。

MAPD 算法也采用了不完全网树结构来同时计算多个超模式的出现数并判定其是否为频繁模式。与 MAPB 算法不同的是，MAPD 算法采用了深度优先搜索（depth first search，DFS）策略来构建集合枚举树。由于存储频繁模式的容器结构不同，因此子模式进出的先后次序不同。在多个不同的真实生物 DNA 序列上进行实验，结果表明栈结构的 MAPD 算法相对于其他同类挖掘算法不仅在运行时消耗内存空间最少，能够对很长的序列进行挖掘，而且所需时间最少，挖掘效率最高。

MAPD 算法如下：

算法 3.5 MAPD(S,M,N,ρ,d)
输入：序列 S，最小间隙 M，最大间隙 N，阈值 ρ 和最长频繁模式长度 d
输出：所有支持率不小于阈值 ρ 的频繁模式

```
1: patterns. pattern =Σ;
2: for (i=1; i<=|S|; i++)
3:   if (sᵢ==Σⱼ) then
4:       node.name=i;
5:       node.NRP=1;
6:       patternsⱼ.INtree_size++ =node;
7:   end if
8: end for
9: for (j=1; j<=|Σ|; j++)
10:    patternsⱼ.sup= patternsⱼ.INtree.size;
11:    if (patternsⱼ.sup/|S|>=ρ*(n-(d-1)*(w+1))/n)) then
            meta. push(patternsⱼ);
12:    end for
13:    while (!meta.empty())
14:    subP =meta.pop ();
15:    P=subP.pattern;
16:    INtree= subP.INtree;
17:    length=|P|;
18:    calculate r(P,S);
19:    if (r(P,S)>=ρ) then Clength= Clength U P;
20:    superps = INSupport(P, S, INtree);
21:    for (j=1; j<=|Σ|; j++)
22:        Q= superpsⱼ.pattern;
23:        calculate r (Q,S);
24:        if(length+1<=d) then
25:            if (r(Q,S) >=ρ*(n-(d-1)*(w+1))/ (n-length*
                        (w+1))) then meta.push(superpsⱼ);
```

```
26:      else
27:           if (r(Q,S) >=ρ) then meta.push(superps_j);
28:        end if
29:    end for
30: end while
31: return C=U C_i;
```

4. 算法正确性与完备性证明

MAPB 算法和 MAPD 算法之间的主要不同在于采用不同的搜索策略来创建集合枚举树。由于所创建的集合枚举树相同，因此两者的正确性与完备性证明也相同。所以，这里仅需证明 MAPB 算法的正确性与完备性。

定理 3.4（MAPB 算法的正确性证明）　MAPB 算法挖掘的模式均为频繁模式。

证明：根据引理 3.2 可知，INSupport 算法是正确的，所以 MAPB 算法可以正确地计算出所有以模式 P 为前缀的超模式的支持数。Zhang 等给出了计算 $ofs(P,S)$ 的方法并证明了该方法的正确性。证毕。

定理 3.5（MAPB 算法的完备性证明）　MAPB 算法能够找到所有长度小于 l_2 的频繁模式。

证明：我们知道 $d \leq l_2$，并且由定理 3.3 可知，如果模式 P 的支持率小于 $\dfrac{n-(d-1)(w-1)}{n-(m-1)(w=1)}\rho$，则所有包含它的超模式均为非频繁模式，其中 $w=(M+N)/2$，$l_2=\lfloor (n+N)/(N+1) \rfloor$，$n$ 为序列的长度，m 为 P 的长度，d 为最长的模式长度，M 为最小间隙，N 为最大间隙。所以，如果模式 P 的支持率不小于 $\dfrac{n-(d-1)(w-1)}{n-(m-1)(w=1)}\rho$，$P$ 入队并检核它的超模式是否为频繁模式，因此 MAPB 算法能找到所有长度小于 l_2 的频繁模式。证毕。

定理 3.6　MAPB 算法和 MAPD 算法的时间复杂度均为 $O\left(\sum\limits_{j=1}^{d} \mathrm{len}_j Wn/|\Sigma|\right)$。

证明：我们知道 MAPB 算法和 MAPD 算法所创建的集合枚举树是相同的，而且无论是采用广度优先搜索策略还是深度优先搜索策略构造集合枚举树，均需要对集合枚举树中的每个模式遍历一次，因此这两种算法的时间复杂度是一致的，我们仅需分析其中一种情况即可。INSupport 算法用于创建 $|\Sigma|$ 个超模式的不完全网树。由于建立不完整网树是依据子模式的结点数组创建下一层孩子结点，而各个子模式结点数组平均大小为 $n/|\Sigma|$（其中 n 为序列的长度，$|\Sigma|$ 为序列的字符集大小）且每个结点需要使用 $W=N-M+1$ 次，因此 INSupport 算法的时间复杂度是 $O(Wn/|\Sigma|)$。在 MAPB 或 MAPD 算法中，如果长度为 j 的频繁模式数量为 len_j，且

最长频繁模式长度为 d，那么 INSupport 算法将被运行 $\sum_{j=1}^{d}\text{len}_j$ 次来挖掘所有频繁

模式，所以这两个算法的时间复杂度均为 $O\left(\sum_{j=1}^{d}\text{len}_j Wn/|\Sigma|\right)$。证毕。

定理 3.7　MAPB 算法和 MAPD 算法的空间复杂度分别为 $O(|\Sigma|^{x-1}n)$ 和 $O(dn)$。

证明： 一棵不完全网树的平均大小为 $n/|\Sigma|$，即平均包含 $n/|\Sigma|$ 个结点。尽管每个结点需要存储其名字及其相应的 NRP，但是其空间消耗为 $O(1)$，所以每棵不完全网树的空间复杂度为 $O(n/|\Sigma|)$。MAPB 算法采用队列结构实现算法，因此算法空间消耗与队列的最大大小相关。易知在完备性挖掘情况下，队列最大大小为 $O(|\Sigma|^x)$，这里 x 表示集合枚举树结点最多的一层所在的深度，因此 MAPB 算法的空间复杂度为 $O(|\Sigma|^{x-1}n)$。相应地，MAPD 算法采用栈结构来实现，易知栈的最大大小为 $O(d|\Sigma|)$，所以 MAPD 算法的空间复杂度为 $O(dn)$。证毕。

我们知道，GCS 算法在计算所有以 P 为前缀模式的超模式的支持数时，需要根据频繁模式 P 的长度 $j(1\leqslant j\leqslant d)$ 建立一个 $j+|\Sigma|$ 行、n 列的二维数组。另外，在计算过程中，每个元素需要被使用 W 次，因此 GCS 算法的时间复杂度为 $O[(j+|\Sigma|)nW]$，基于 GCS 算法的 MGCS 算法的时间复杂度为 $O\left[\sum_{j=1}^{d}\text{len}_j(j+|\Sigma|)nW\right]$。由于 MGCS 算法采用二维数组来挖掘频繁模式，因此该模式挖掘算法的空间复杂度为 $O[(d+|\Sigma|)n]$。MGCS、MAPB 和 MAPD 算法的时间复杂度及空间复杂度对比如表 3.7 所示。

表 3.7　MGCS、MAPB 和 MAPD 算法的时间复杂度及空间复杂度对比

算法	时间复杂度	空间复杂度
MGCS	$O\left[\sum_{j=1}^{d}\text{len}_j(j+|\Sigma|)nW\right]$	$O[(d+|\Sigma|)n]$
MAPB	$O\left[\sum_{j=1}^{d}\text{len}_j Wn/|\Sigma|\right]$	$O(|\Sigma|^{x-1}n)$
MAPD	$O\left[\sum_{j=1}^{d}\text{len}_j Wn/|\Sigma|\right]$	$O(dn)$

3.3.3　实验结果及分析

为了测试 MAPB 和 MAPD 及相关算法的性能，这里采用的真实生物序列是源自 Homo Sapiens（Human）的 3 个长序列，分别是 AX829174、AL158070 和 AB038490（表 3.8）。

表 3.8　真实的生物序列

序列	来源	长度
S_1	Homo Sapiens AX829174	1000
S_2	Homo Sapiens AX829174	2000
S_3	Homo Sapiens AX829174	4000
S_4	Homo Sapiens AX829174	8000
S_5	Homo Sapiens AX829174	10011
S_6	Homo Sapiens AL158070	20000
S_7	Homo Sapiens AL158070	40000
S_8	Homo Sapiens AL158070	80000
S_9	Homo Sapiens AL158070	167005
S_{10}	Homo Sapiens AB038490	15000
S_{11}	Homo Sapiens AB038490	30000
S_{12}	Homo Sapiens AB038490	60000
S_{13}	Homo Sapiens AB038490	131892

　　实验运行的软硬件环境为 Pentium® Dual-Core CPU T4500 处理器、主频 2.30GHz、内存 2.0GB、Windows 7 操作系统的计算机。程序运行环境为 JDK 1.6.0。在这次实验中，最小和最大间隙约束分别为 9、12，阈值为 3×10^{-5}。此外，考虑到 Java 虚拟机的默认堆内存过小，我们为每个算法分配了 1.5GB 的堆内存空间（所能分配的最大堆内存空间）。表 3.8 给出了实验中用到的所有序列。

　　根据上述实验环境和数据，表 3.9 给出了所有序列的挖掘结果，表 3.10 给出了 MAPB 算法和 MAPD 算法运行期间内存中的最大模式个数，揭示了两个算法的空间消耗情况。

表 3.9　所有序列的挖掘结果

序列	各长度下的频繁模式个数	最长的频繁模式长度	频繁模式总个数
S_1	{4,16,64,256,1024,4096,13374,5678,1514,623,242,55,12}	13	26958
S_2	{4,16,64,256,1024,4096,15205,3436,350,85,8,3}	12	24547
S_3	{4,16,64,256,1024,4096,15965,1937,59,3}	10	23424
S_4	{4,16,64,256,1024,4096,14970,4283,241,1}	10	24955
S_5	{4,16,64,256,1024,4096,14422,4811,299,1}	10	24993
S_6	{4,16,64,256,1024,4096,12619,7068,614,8}	10	25769
S_7	{4,16,64,256,1024,4096,12388,6960,749,11}	10	25568
S_8	{4,16,64,256,1024,4096,12947,6303,666,11}	10	25387
S_9	{4,16,64,256,1024,4096,13438,5767,604,1}	10	25270
S_{10}	{4,16,64,256,1024,4096,12507,7197,563,2}	10	25729
S_{11}	{4,16,64,256,1024,4096,11126,7634,1164,54,1}	11	25439
S_{12}	{4,16,64,256,1024,4096,12799,6404,699,11}	10	25373
S_{13}	{4,16,64,256,1024,4096,12913,6558,672,11}	10	25614

表 3.10　MAPB 算法和 MAPD 算法运行期间内存中的最大模式个数

序列	MAPB 算法的最大模式个数	MAPD 算法的最大模式个数
S_1	14092	24
S_2	15402	25
S_3	16017	25
S_4	15119	26
S_5	14582	26
S_6	12878	27
S_7	12754	26
S_8	—	27
S_9	—	26
S_{10}	12768	28
S_{11}	11666	26
S_{12}	12949	28
S_{13}	—	28

注："—"表示内存溢出错误。

　　本节实验通过对比 MPP-Best 算法、MGCS 算法、AMin 算法、MAPB 算法和 MAPD 算法的运行时间和内存空间使用情况来评估每个算法的性能，从而验证 MAPB 和 MAPD 算法的性能。实验结果如图 3.5～图 3.7 所示。值得注意的是，图 3.5～图 3.7 中，MPP-Best 算法参照的是图表左侧的时间数据，其他算法参照的是图表右侧的时间数据，这是因为 MPP-Best 算法通常需要花费很长的时间来完成挖掘任务。

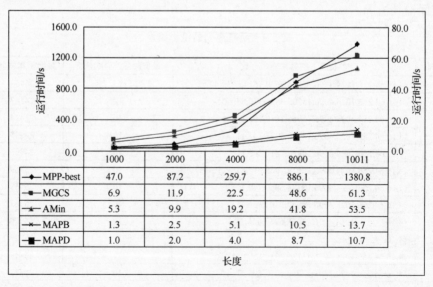

	1000	2000	4000	8000	10011
◆ MPP-best	47.0	87.2	259.7	886.1	1380.8
■ MGCS	6.9	11.9	22.5	48.6	61.3
▲ AMin	5.3	9.9	19.2	41.8	53.5
✕ MAPB	1.3	2.5	5.1	10.5	13.7
■ MAPD	1.0	2.0	4.0	8.7	10.7

图 3.5　Homo Sapiens AX829174 序列上运行结果比较

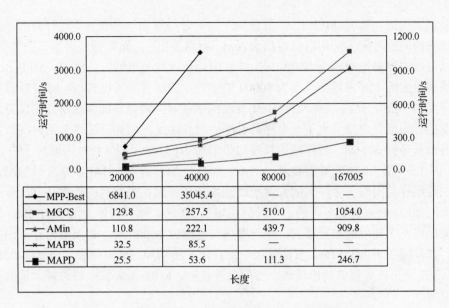

	20000	40000	80000	167005
MPP-Best	6841.0	35045.4	—	—
MGCS	129.8	257.5	510.0	1054.0
AMin	110.8	222.1	439.7	909.8
MAPB	32.5	85.5	—	—
MAPD	25.5	53.6	111.3	246.7

图 3.6　Homo Sapiens AL158070 序列上运行结果比较

注：“—”表示溢出错误。

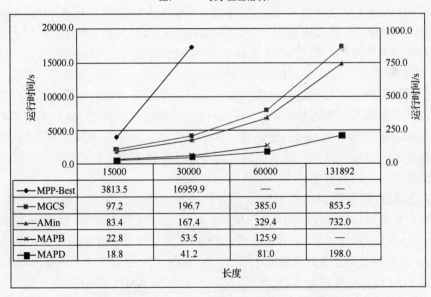

	15000	30000	60000	131892
MPP-Best	3813.5	16959.9	—	—
MGCS	97.2	196.7	385.0	853.5
AMin	83.4	167.4	329.4	732.0
MAPB	22.8	53.5	125.9	—
MAPD	18.8	41.2	81.0	198.0

图 3.7　Homo Sapiens AB038490 序列上运行结果比较

注：“—”表示溢出错误。

我们可以从如下几个方面来分析实验的运行结果：

1）从图 3.5～图 3.7 可以看出，MPP-Best 算法运行最慢且不能用于长序列的频繁模式挖掘。只有 MPP-Best 算法用左侧的时间数据轴来表示其运行时间，其他算法的运行时间均采用右侧数据来表示。可以看出，左轴数据远大于右轴数据，所以可以很容易地观察到 MPP-Best 算法的运行速度是最慢的。例如，MPP-Best 算法需要大约 10h 来挖掘长度为 40000 的序列中的所有频繁模式，而 MAPD 算法只需要约 1min。此外，从 MPP-Best 算法的运行时间数据表能够观察到，该算法的挖掘时间增长速度要大于一个序列长度的增长速度。例如，图 3.5 的时间数据表显示从序列 S_1~S_5，当序列的长度增长大约 10 倍时，其运行时间增长了约 29 倍。图 3.5~图 3.7 中的数据显示，MGCS 算法、AMin 算法、MAPB 算法和 MAPD 算法的运行时间与一个序列的长度呈线性增长。例如，当序列的长度从 S_1 到 S_5 增长约 10 倍时，它们各自的运行时间也增长 10 倍。然而，如果用 MPP-Best 算法来挖掘长序列中的频繁模式，则当序列长度超过 60000 时，将面临内存溢出危险。其原因在于 MPP-Best 算法使用一种自定义结构局部索引列表（partial index list，PIL）来计算模式的出现数，当序列较长时，MPP-Best 算法将消耗大量的存储空间。

2）根据图 3.5~图 3.7 所示的比较结果可以清楚地发现，相同序列下 MGCS 算法比 MPP-Best 算法的挖掘速度更快一些。虽然 MGCS 算法在序列 S_1 上的运行速度较 MPP-Best 算法快约 40 倍，但是在本实验中 MGCS 算法仅比 MPP-Best 算法快大约 6.8 倍，其原因是 MGCS 算法不仅使用了 GCS 结构，而且也采用了一种更为有效的剪枝策略。如果 MPP-Best 算法和 MGCS 算法采用相同的裁剪方法，那么 MGCS 算法不可能比 MPP-Best 算法快 40 倍。从图 3.5~图 3.7 可以看出，AMin 算法比 MGCS 算法运行速度更快一些，其原因在于 AMin 算法对模式支持率进行了重新定义，算法可以采用 Apriori 性质来裁剪候选模式，这种剪枝策略比 Apriori-like 更高效，且 AMin 算法是一种近似算法。此外，MGCS 算法和 AMin 算法均能用于挖掘长序列，这是因为这两个算法在计算模式支持数时没有使用先前的运算结果，内存开销较少。

3）MAPB 算法和 MAPD 算法均采用了与 MPP-Best 算法相同的剪枝策略，但是这两个算法所需的运行时间要比 MPP-Best 算法少得多。例如，就序列 S_1 和 S_5 而言，MAPD 算法分别比 MPP-Best 算法快 45 倍和 128 倍，这是因为 MAPB 算法和 MAPD 算法避免了更多重复的计算。此外，从图 3.5~图 3.7 中可以看出，MAPD 算法和 MAPD 算法所需运行时间约为 MGCS 算法和 AMin 算法的 1/4，这是因为它们利用先前的结果来计算模式支持数，避免了大量重复性计算带来的时间消耗。因此，它们要比其他同类算法挖掘效率更高。

4）MAPB 算法和 MAPD 算法的运行时间本应该是一致的，但事实上 MAPD 算法要比 MAPB 算法运行得更快一些，这是因为 MAPB 算法消耗太多的内存而影响了挖掘效率。MAPB 算法和 MAPD 算法分别采用广度优先搜索和深度优先搜索策略来构建集合枚举树，然而通常集合枚举树的宽度要比其深度大得多，因此 MAPB 算法比 MAPD 算法消耗更多的内存来存储候选模式，所以 MAPD 算法比 MAPB 算法挖掘速度更快并且更适合长序列的模式挖掘。

5）从图 3.5～图 3.7 中可以看出，与 MAPB 算法比较，MAPD 算法能够对更长的序列进行模式挖掘。例如，当一个序列的长度达到 80000 时，MAPD 算法能顺利地完成挖掘任务，而 MAPB 算法则导致内存溢出错误。因此，可以得出如下结论：MAPB 算法比 MAPD 算法消耗更多的内存空间，采用深度优先搜索策略构造集合枚举树更为可取。

6）根据表 3.9 可以计算出 $\sum_{j=1}^{d} \text{len}_j(j+|\varSigma|)$ 和 $\sum_{j=1}^{d} \text{len}_j$（其中 d 和 len_j 分别为频繁模式的最大长度和长度为 j 的频繁模式的个数）的值。例如，$\sum_{j=1}^{d} \text{len}_j(j+|\varSigma|)$ 和 $\sum_{j=1}^{d} \text{len}_j$ 在序列 S_1 中分别为 274198 和 26958。由于 MGCS 算法和 MAPD 算法的时间复杂度分别为 $O\left[\sum_{j=1}^{d} \text{len}_j(j+|\varSigma|)Wn\right]$ 和 $O\left(\sum_{j=1}^{d} \text{len}_jWn/|\varSigma|\right)$，其在序列 S_1 中的运行时间分别为 6.9s 和 1.0s，如前分析，MAPD 算法应该比 MGCS 算法快 274198/26958×4≈41 倍，但是事实上 MAPD 算法比 MGCS 算法快 6.9/1.0=6.9 倍。这主要是因为 MGCS 算法较容易实现，由此也证明了 MGCS 算法和 MAPD 算法时间复杂度分析的正确性。

7）这里分别用队列和栈的最大大小来表示采用相应存储结构时内存中模式的最大个数。从表 3.9 和表 3.10 中的数据可以观察到，采用队列存储结构时，队列的最大大小略微大于各长度下频繁模式的最大数目，这是 MAPB 算法采用广度优先搜索策略的原因。对于采用栈存储结构的 MAPD 算法，栈的最大大小要小于 $d|\varSigma|$（其中 d 为频繁模式的最大长度，$|\varSigma|$ 为序列的字符集大小），这是因为该算法采用深度优先搜索策略来构造集合枚举树。例如，在序列 S_2 中，长度为 7 的频繁模式个数为 15205，队列的最大大小为 15402。序列 S_1 中栈的最大大小是 24，小于 $d|\varSigma|=13×4=52$。

3.3.4　本节小结

本节首先给出了无特殊条件下周期间隙约束序列模式挖掘问题的定义；然后提出了两个有效的挖掘算法，即 MAPB 算法和 MAPD 算法，这两个算法均采用不完全网树（网树最后一层）来高效地计算模式支持度，并分别采用广度优先搜索和深度优先搜索策略实现在集合枚举树中查找频繁模式，将频繁模式及其不完全网树分别存储在队列和栈中；之后分析了 MAPB 算法和 MAPD 算法的时间复杂度和空间复杂度；最后，实验结果验证了 MAPB 算法和 MAPD 算法均优于同类对比性算法，并且 MAPD 算法更优于 MAPB 算法，并可以用于长序列的序列模式挖掘。

3.4　无重叠条件下序列模式挖掘问题

本节将介绍另外一种间隙约束的序列模式挖掘方法——无重叠条件的序列模式挖掘方法[75,79]，其是指在模式的支持度计算过程中对出现的形式采用无重叠约束的方式。尽管这种约束形式看起来略微复杂，有些晦涩难懂，但是这种序列模式挖掘不但可以有效地解决当前此类序列模式挖掘中 Apriori 性质和挖掘完备性不能兼顾的问题，更为重要的是，这种序列模式挖掘既不像无特殊条件序列模式挖掘那样宽松，也不像一次性条件序列模式挖掘那样限定性强，相比之下，其更容易挖掘到有价值的频繁模式。

3.4.1　问题定义及分析

在无重叠条件序列模式挖掘中，模式串的定义和序列的定义与 2.1 节中相关定义完全一致，模式的出现与 3.3 节中的出现完全一致，这里不再赘述。下面给出本节所需的相关定义。

定义 3.29（长度约束）　长度约束可以写作 len=[minlen, maxlen]，其中 minlen 和 maxlen 分别是最小长度约束和最大长度约束。如果 $L=<l_1,l_2,\cdots,l_m>$ 是一个出现，且满足 minlen$\leqslant l_m-l_1+1\leqslant$maxlen，则 L 是一个具有长度约束的出现。

定义 3.30（无重叠出现和无重叠条件下的支持度）　$L=<l_1,l_2,\cdots,l_m>$ 和 $L'=<l_1',l_2',\cdots,l_m'>$ 是两个出现，当且仅当对于任意（$1\leqslant j\leqslant m$）均有 $l_j \neq l_j'$，L 和 L' 是两个无重叠出现。如果一个集合中任意两个出现都是无重叠的，则该集合被称为无重叠出现集。无重叠条件下模式 P 在序列 S 中的支持度记作 sup(P,S)，表示所有出现构成的出现集合中最大无重叠出现子集的大小。

定义 3.31（无重叠条件下序列数据库的支持度）　一个序列集称为序列数据库，记作 SDB=$\{S_1,S_2,\cdots,S_N\}$，其中 N 是序列数据库的大小。模式 P 在 SDB 的支持度是模式 $S_1,S_2,\cdots,S_N$ 中的支持度之和，记作 $sup(P,S)=\sum\limits_{k=1}^{N} sup(P,S_k)$。

例 3.8　假设序列 $S=s_1s_2s_3s_4s_5$=CGCGC，模式 P=C[0,2]G[0,2]C。模式 P 在序列 S 中的出现是<1,2,3><1,2,5><1,4,5><3,4,5>。显然在上述 4 个出现构成的出现集合中，最大无重叠出现子集是 {<1,2,3>,<3,4,5>}。因此，模式 P 在序列 S 中的支持度 sup(P,S)为 2。特别地，我们不会考虑一个出现和其子出现的关系。例如，我们不会考虑<1,2,3>和<1,2>之间的关系。此外，出现<3,4,5>的长度是 5-3+1=3，该出现满足 len=[1,4]的长度约束。

例 3.9　在间隙约束 gap=[0,2]和长度约束 len=[1,4]下，模式 P=CGC 在序列数据库 SDB={S_1=$s_1s_2s_3s_4s_5$=CGCGC,S_2=$s_1s_2s_3s_4s_5$=CGTCA}中，在间隙约束 gap = [0,2]和长度约束 len = [1,4]下，其支持度是 3。因为该模式在 S_1 和 S_2 的支持度分别是 2 和 1，所以其在序列数据库中的支持度为 2+1=3。

定义 3.32（频繁模式和无重叠条件序列模式挖掘）　如果模式 P 在序列 S 或者序列数据库 SDB 中的支持度不小于给定的最小支持度阈值 minsup，则 P 就称为频繁模式。无重叠条件序列模式挖掘的目的就是在序列 S 或者序列数据库 SDB 中挖掘所有的满足间隙约束和长度约束的频繁模式。

例 3.10　模式 P=CGC 在序列数据库 SDB={S_1=$s_1s_2s_3s_4s_5$=CGCGC,S_2=$s_1s_2s_3s_4s_5$=CGTCA}中，在间隙约束 gap=[0,2]和长度约束 len=[1,4]下，如果最小支持度阈值 minsup=3，则模式 P=CGC 是一个频繁模式，因为通过例 3.9，我们知道该模式在 SDB 中的支持度是 3。由于模式 CGCG 在 S_1 和 S_2 的支持度分别是 1 和 0，因此模式 CGCG 在 SDB 中的支持度是 1，进而模式 CGCG 不是一个频繁模式。

3.4.2　求解算法

影响序列模式挖掘效率的因素主要有两个：对模式支持度的计算和对候选模式剪枝。为了解决上述问题，我们首先提出无重叠条件下模式的支持度计算算法（nettree for nonoverlapping pattern matching with gap constraints，NETGAP）来计算支持度[72]，并且证明该算法是完备的；在此基础上，提出无重叠条件序列模式挖掘算法（nonoverlapping sequence pattern mining with gap constraints，NOSEP）[75]，该算法可以有效地减少候选模式的数量；最后分析算法的空间复杂度和时间复杂度。

1. NETGAP

在计算模式支持度时，有两个主要问题：①一个子模式的出现不能用来计算其超模式的出现；②需要有效地区分可以被重复使用的序列子串。下面逐一进行详细介绍。

问题 1：一个子模式的出现不能用来计算其超模式的出现，因为它可能导致一些可行出现的丢失。例如，给定一个序列 S=$s_1s_2s_3s_4s_5$=ATTGC，子模式 A[0,1]T 的第一个无重叠的出现是<1,2>。在<1,2>的基础上，其超模式 P=A[0,1]T[0,1]C 没有无重叠的出现，因为<1,2,5>不满足间隙约束，但是我们知道<1,3,5>是超模式 P=A[0,1]T[0,1]C 的一个无重叠出现。因此，这样在子模式出现的基础上计算超模式出现，会导致可行解丢失。

问题 2：需要有效地区分可以被重复使用的序列子串。当处理无重叠条件时，在找到一个出现之后，我们不能使用一个不匹配字符 X 来代替字符序列中相应的字符。例如，模式 $P=C[0,1]G[0,1]C$ 在序列 $S=s_1s_2s_3s_4s_5=$CGCGC 中第一个出现为 $<1,2,3>$。如果用 X 来代替相关字符，那么新的序列就是 XXXGC，就无法得到无重叠出现 $<3,4,5>$，因此求解算法需要能够有效地区分序列子串是否能够被重复使用。

通过第 2 章的知识我们知道，一个模式 P 在序列 S 中的所有出现可以用一棵网树表示。在网树中，一条从树根到叶子的完全路径可以表示一个模式 P 在序列 S 中的出现，即一条完全路径相当于一个出现。由于网树上允许有同名结点，因此寻找无重叠条件时，网树上的所有结点最多可以被使用一次。利用网树的这个特性就可以有效地甄别可以被重复使用的序列子串。

在网树上迭代地寻找最左出现的方式进行求解，即一旦找到一个最左出现，则将其剪枝，同时剪枝其他无效结点。迭代上述过程，直至网树为空。举例说明如下。

例 3.11　给定序列 $S=s_1s_2s_3s_4s_5s_6s_7s_8s_9s_{10}s_{11}s_{12}s_{13}s_{14}s_{15}s_{16}=$AAGTACGACGCATCTA，模式 $P=A[0,3]G[0,3]C[0,3]A$，其对应的网树如图 3.8 所示。

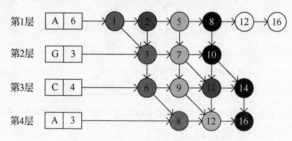

图 3.8　例 3.11 对应的网树

注：图中 $<1,3,6,8>$、$<5,7,9,12>$ 和 $<8,10,14,16>$ 分别代表 3 个完全路径的结点。

从图 3.8 中易知，路径 $<n_1^1,n_2^3,n_3^6,n_4^8>$ 是网树的最左完全路径，其对应的出现是 $<1,3,6,8>$。当网树中路径 $<n_1^1,n_2^3,n_3^6,n_4^8>$ 被剪枝后，结点 n_1^2 没有孩子结点，是一个无效结点，于是 n_1^2 结点被剪枝。然后在剩余的网树中继续迭代这样的过程。剩余网树的最左完全路径 $<n_1^5,n_2^7,n_3^9,n_4^{12}>$，其对应的出现是 $<5,7,9,12>$，然后剪枝路径 $<n_1^5,n_2^7,n_3^9,n_4^{12}>$ 后，结点 n_3^{11} 没有孩子结点。同理，可以获得第 3 个最左出现 $<8,10,14,16>$。之后网树再无其他出现。因此，得到 P 在 S 中的 3 个无重叠出现 $<1,3,6,8>$、$<5,7,9,12>$ 和 $<8,10,14,16>$，因此 $\sup(P,S)=3$。

引理 3.3　没有孩子结点的结点可以安全地被剪枝。

证明： 如果 n_j^i 不是网树中的一个绝对叶子结点，则不存在从它到绝对叶子结点的路径，因此 n_j^i 是一个无效结点，可以被剪枝。证毕。

剪枝结点 n_j^i 后，还需要检查它的双亲结点是否具有其他孩子结点，如果其双亲也没有其他孩子结点，则该双亲结点也需要被剪枝。

NETGAP 算法可以计算出 P 在 S 中的支持度 $sup(P,S)$。由于该算法用于序列模式挖掘，因此当 $sup(P,S)$ 大于或等于 minsup 时，不需要继续计算支持度。NETGAP 算法如下：

算法 3.6　NETGAP 算法

输入：序列 S，模式 P，gap=[a,b]，len=[minlen,maxlen]和 minsup

输出：sup(P,S)

```
1:依据模式 P 和序列 S，采用第 2 章的相应算法创建网树；
2:依据引理 3.3 剪枝无效结点；
3:FOR EACH n₁ⁱ in nettree DO
4:     node[1] ←n₁ⁱ;          //结点用于存储一个出现
5:     FOR j=1 to nettrre.level - 1 STEP 1 DO
6:            node[j+1] ← the leftmost child meeting the length
               constraints of node[j];
7:     END FOR
8:     sup(P,S) ← sup(P,S) + 1;
9:     IF sup(P,S)>=minsup RETURN sup(P,S);
10:    依据引理 3.3 剪枝无效结点；
11:END FOR
12:RETURN sup(P,S);
```

定理 3.8　NETGAP 算法是完备的。

证明： 在无重叠模式匹配问题的求解中，在求解最大的无重叠出现的集合 D 时，采用迭代寻找最大无重叠出现的策略进行求解，即假定该实例具有最多 k 个无重叠出现，分别是 $<d_{1,1},d_{1,2},\cdots,d_{1,m}><d_{2,1},d_{2,2},\cdots,d_{2,m}>,\cdots,<d_{k,1},d_{k,2},\cdots,d_{k,m}>$，这里存在 $d_{h,j}<d_{h+1,j}$ 并且 $1\leq h<k$。在该证明中，$<d_{k,1},d_{k,2},\cdots,d_{k,m}>$ 可以被最大出现 $<f_{k,1},f_{k,2},\cdots,f_{k,m}>$ 替换。下面证明 $<d_{1,1},d_{1,2},\cdots,d_{1,m}>$ 可以被最小出现 $<g_{1,1},g_{1,2},\cdots,g_{1,m}>$ 替换。

假设 $<d_{1,1},d_{1,2},\cdots,d_{1,m}>$ 是最小出现，这也意味着 $<d_{1,1},d_{1,2},\cdots,d_{1,m}>$ 与 $<g_{1,1},g_{1,2},\cdots,g_{1,m}>$ 相同。若 $<d_{1,1},d_{1,2},\cdots,d_{1,m}>$ 与最小出现 $<g_{1,1},g_{1,2},\cdots,g_{1,m}>$ 不同，则只可能有以下 3 种情况。

第 1 种：存在 $j(1\leq j\leq m)$ 满足 $d_{1,j}<g_{1,j}$。这种情况说明，$<g_{1,1},g_{1,2},\cdots,g_{1,m}>$ 不是最小出现，这与 $<g_{1,1},g_{1,2},\cdots,g_{1,m}>$ 是最小出现的假设相矛盾。

第 2 种：对于所有 $j(1 \le j \le m)$，$d_{1,j}$ 大于 $g_{1,j}$，即 $d_{1,j} > g_{1,j}$。这种情况说明，$<d_{1,1}, d_{1,2}, \cdots, d_{1,m}>$ 和 $<g_{1,1}, g_{1,2}, \cdots, g_{1,m}>$ 是两个无重叠出现，这样这个问题具有 $k+1$ 个无重叠出现，这与该实例只存在最多 k 个无重叠出现的假设相矛盾。

第 3 种：对于所有 $j(1 \le j \le m)$，$d_{1,j}$ 不小于 $g_{1,j}$，即 $d_{1,j} \ge g_{1,j}$。由于 $<d_{1,1}, d_{1,2}, \cdots, d_{1,m}>$ 和 $<d_{i,1}, d_{i,2}, \cdots, d_{i,m}>(1 < i \le k)$ 是两个无重叠出现并且 $d_{i,j} > d_{1,j}$，又由于 $d_{1,j}$ 不小于 $g_{1,j}$，因此 $d_{i,j}$ 大于 $g_{1,j}$，即 $d_{i,j} > g_{1,j}$。因此，$<g_{1,1}, g_{1,2}, \cdots, g_{1,m}>$ 与 $<d_{i,1}, d_{i,2}, \cdots, d_{i,m}>$ 是两个无重叠出现，故此 $<g_{1,1}, g_{1,2}, \cdots, g_{1,m}>$ 可以用来取代 $<d_{1,1}, d_{1,2}, \cdots, d_{1,m}>$。

综上，无论 $<d_{1,1}, d_{1,2}, \cdots, d_{1,m}>$ 是否是最小的出现，$<d_{1,1}, d_{1,2}, \cdots, d_{1,m}>$ 都可以被 $<g_{1,1}, g_{1,2}, \cdots, g_{1,m}>$ 替代。我们知道 NETGAP 算法是迭代地寻找最小出现，因此 NETGAP 算法是完备的。证毕。

2. NOSEP

在介绍 NOSEP 算法之前，首先给出一些相关概念。

定义 3.33（前缀子模式、后缀子模式和超模式） 给定序列 $P = p_1 p_2 \cdots p_m$ 及事件 a 和事件 b，如果 $Q = Pa$，则称 Q 是 P 的超模式，P 是 Q 的前缀子模式，记为 $\mathrm{prefix}(Q) = P$。同样，如果 $R = bP$，则称 P 是 R 的后缀子模式，记为 $\mathrm{suffix}(R) = P$。由于 $\mathrm{prefix}(Q) = \mathrm{suffix}(R) = P$，因此 R 和 Q 可以使用符号"$\oplus$"连接为一个长度是 $m+2$ 的超模式 T，即 $T = Q \oplus R = bPa$。

例 3.12 给定模式 $P = \mathrm{ACCT}$，那么 P 的前缀子模式和后缀子模式分别是 ACC 和 CCT。如果模式 $Q = \mathrm{CCTG}$，那么 $T = P \oplus Q = \mathrm{ACCTG}$。

定理 3.9 无重叠条件序列模式挖掘满足 Apriori 性质。

证明： 假定 S 是给定的序列，模式 P 的前缀子模式和后缀子模式分别是 Q 和 R。根据定义 3.30，易知 $\mathrm{sup}(Q,S) \ge \mathrm{sup}(P,S)$ 且 $\mathrm{sup}(R,S) \ge \mathrm{sup}(P,S)$。因此，如果 Q 不是一个频繁模式，即 $\mathrm{minsup} > \mathrm{sup}(Q,S)$，因此 $\mathrm{minsup} > \mathrm{sup}(Q,S) \ge \mathrm{sup}(P,S)$，即 $\mathrm{sup}(P,S)$ 也小于最小支持度，故而 P 也不是一个频繁模式。同理可知，如果 R 不是一个频繁模式，那么 P 也不是一个频繁模式。显然，上述情况在序列数据库中仍然有效。因此，无重叠条件序列模式挖掘满足 Apriori 性质。证毕。

3.3 节采用了广度优先搜索和深度优先搜索策略来进行无特殊条件的序列模式挖掘，由于在挖掘中可以在一遍扫描序列或序列数据库的情况下计算具有相同前缀模式的所有候选模式的支持度，因此 3.3 节中的 MAPB 和 MAPD 是两个高效挖掘算法。然而，计算无重叠条件下的支持度时，NETGAP 算法无法在一遍扫描序列的情况下计算具有相同前缀的候选模式的支持度，只能在一次扫描中逐一计算候选模式的支持度，因此无论是广度优先搜索还是深度优先搜索都不是高效的策略。举例说明如下。

例 3.13 挖掘序列 $S = s_1 s_2 s_3 s_4 s_5 s_6 s_7 s_8 s_9 s_{10} s_{11} s_{12} s_{13} s_{14} s_{15} s_{16} = \mathrm{AAGTACGACGCATCTA}$

中所有的频繁模式，其中最小支持度 minsup=3，间隙约束 gap=[0,3]，长度约束为 [1,15]。

长度为 1 的所有频繁模式是{A,C,G,T}，7 种长度为 2 的频繁模式是{AA,AC, AG,CA,CC,GA,GC}。由于每个长度为 2 的频繁模式将产生 4 种候选模式，因此长度为 3 的候选模式的数量为 7×4=28。但是由于模式 AT 不是一个频繁模式，因此依据 Apriori 性质，我们可以确定地知道模式 AAT 不是频繁模式。因此，使用模式增长方法并且长度为 3 的候选模式有 17 种，即{AAA,AAC,AAG,ACA,ACC, AGA,AGC,CAA,CAC,CAG,CCA,CCC,GAA,GAC,GAG,GCA,GCC}。该示例说明了采用模式增长方法比广度优先搜索和深度优先搜索策略更有效。

由于长度为 $n-1$ 的频繁模式集是一个有序集，因此长度为 n 的候选模式集也是有序集。

下面举例说明，如何利用长度为 $n-1$ 的频繁模式集生成长度为 n 的候选模式集。

例 3.14　假定有长度为 2 的频繁模式集合 C_2，其频繁模式为{AA,AC,AG,CA, CC,GA,GC}，我们将基于模式增长方法生成长度为 3 的候选模式。

首先，得到 C_2 的第一个模式 AA，由于 AA 的后缀模式是 A，因此采用二分搜索策略来找出那些前缀模式也是 A 的模式。我们知道 C_2 中的第一个模式是 AA，其前缀模式是 A，因此生成第一候选模式 AAA。由于 AA、AC 和 AG 在集合枚举树中具有相同的双亲结点，因此可以获得 3 个候选模式 AAA、AAC 和 AAG。由于 AG 的下一个模式是 CA，其前缀模式是与 A 不同的 C，这样后缀模式 A 需要改变。迭代上述步骤，直到 C_2 中的最后一个模式 GC 的后缀模式 C 被处理。这样就获得了所有长度为 3 的候选模式。

算法 3.7 阐述了 NOSEP 算法的详细过程。值得注意的是，NOSEP 在步骤 11 和 12 中提前终止，以快速确定频繁模式。当模式的支持度大于 minsup 时，NOSEP 算法停止计算该支持度，以加快进程。

算法 3.7　NOSEP 算法:基于模式增长方法挖掘所有频繁序列

输入：序列数据库 SDB，最小支持度，间隙约束 gap=[a,b]，长度约束
　　　　len=[minlen,maxlen]

输出：meta 中的频繁模式

1: 扫描一次序列数据库 SDB，计算每个事件项的支持度，并将长度为 1 的频繁模式存储到队列 meta[1]中；

2: len ← 1;

3: C ← gen_candidate(meta[len]); // 调用算法 3.8,生成候选集 C

4: WHILE C < > null DO

5: 　　　FOR EACH cand in C DO

6: 　　　　　cand$_{sup}$ ← 0;

```
7:          sup_needed ← minsup;
8:          FOR EACH sequence s_k in SDB DO
9:            sup ← NETGAP(cand, sup_needed);//计算模式的支持度
10:           sup_needed ← sup_needed - sup;
11:           cand_sup ← cand_sup + sup;
12:            IF cand_sup >= minsup THEN
13:                meta[len+1].enqueue(cand);
14:                break;
15:             END IF
16:          END FOR
17:        END FOR
18:        len ← len+1;
19:        C ← gen_candidate(meta[len]);
20:     END WHILE
21:RETURN meta[1]meta[2]…meta[len];
```

如算法 3.8 所示，gen_candidate 算法用于生成长度为 len+1 的候选集。

算法 3.8　gen_candidate(meta[len])算法

输入：meta([len])

输出：候选集 C

```
1:start ← 1;
2:FOR i = 1 to |meta[len]| DO
3:   R ← suffix(meta[len][i]);
4:   Q ← prefix(meta[len][start]);
5:   IF R < > Q THEN
6:       start ← binarysearch(meta[len],R ,1 ,|meta[len]|);
7:   END IF
8:   IF start >= 1 && start <= |meta[len]| THEN
9:      WHILE Q == R DO
10:         C.enqueue( R ⊕ Q );
11:         start ← start + 1;
12:         IF start > |mate[len]| THEN
13:            start ← 1;
14:            Q ← prefix(meta[len][start]);
15:         END IF
16:      END WHILE
17:   END IF
18:END FOR
19:RETURN C;
```

3. 复杂度分析

定理 3.10　在最坏情况下，NOSEP 算法的空间复杂度为 $O[M(nw+L)]$；在平均情况下，NOSEP 算法的空间复杂度为 $O[M(nw/r/r+L)]$。其中，M、n、w、L 和 r 分别是频繁模式的最大长度、序列数据库 SDB 中的序列的最大长度、间隙约束 $b-a+1$、候选模式的数量及挖掘序列字符集 Σ 的大小。

证明：假设有 L 个候选模式，显然频繁模式的数量应该小于 L。候选模式和频繁模式的最大长度为 $O(M)$。因此，频繁模式和候选模式的空间复杂度为 $O(ML)$。现在，我们考虑算法 3.6 的空间复杂性。它采用网树计算序列中模式的支持度，在最坏的情况下，网树不超过 M 层，每层都不超过 n 个结点，每个结点不超过 w 个孩子结点，因此创建网树的空间复杂度和时间复杂度都是 $O(Mnw)$。进而可知，在最坏的情况下，NOSEP 算法的空间复杂度为 $O[M(nw+L)]$。此外，在平均情况下，每一层都不超过 n/r 个结点，每个结点都有不超过 w/r 个孩子结点。因此，在平均情况下，算法 3.6 和 NOSEP 算法的空间复杂度分别为 $O(Mnw/r/r)$ 和 $O[M(nw/r/r+L)]$。证毕。

定理 3.11　在最坏情况下，NOSEP 算法的时间复杂度为 $O(M^2NwL)$，在平均情况下，NOSEP 算法的时间复杂度为 $O(M^2NwL/r/r/r)$，这里 N 是 SDB 的长度。

证明：假设有 L 个候选模式。显然|meta [len]|不大于 L。由于算法 3.8 中第 6 行采用折半查找，因此其时间复杂度为 $O(\log L)$。进而可知，产生所有候选模式的时间复杂度为 $O(L\log L)$。接下来，首先考虑最坏情况下 NOSEP 算法的时间复杂度。如定理 3.10 所述，长度为 N 的序列数据库创建网树的时间复杂度为 $O(MNw)$。假设网树的深度为 M，由于每个结点会有不超过 w 个双亲结点，因此则在 $M-1$ 层中不超过 w 个结点可以被剪枝。类似地，在 $M-2$ 层中不超过 $2w$ 个结点被剪枝。这样总计有 $O(M^2w)$ 个结点可以被剪枝。由于总共不会超过 N 个无重叠出现，因此 NOSEP 算法中 8～17 行的时间复杂度为 $O(MNw+M^2Nw)=O(M^2Nw)$。由于存在 L 个候选模式，因此在最坏的情况下，NOSEP 算法的时间复杂度为 $O[(M^2Nw+\log L)L]=O(M^2NwL)$。此外，如空间复杂度所述，NOSEP 算法的时间复杂度在平均情况下为 $O(M^2NwL/r/r/r)$。证毕。

3.4.3　实验结果及分析

本节选择 DNA 序列、时间序列数据集、蛋白质序列数据库和一个电子商务的点击流数据来评估 NOSEP 算法的性能。首先展示 NOSEP 算法的挖掘性能，然后评估算法的性能，最后展示不同参数对 NOSEP 算法的影响。所有实验都在具有 Intel® Core™ I5、3.4GHz CPU、8.0GB DDR2 of RAM、Windows 7 且 64 位操作系统的计算机上进行。

1. 基准数据集

表 3.11 中总结了本实验中使用的 16 个基准数据集，这些数据集来自 3 个领域：时间序列数据集、生物信息领域的 DNA 或蛋白质序列集和电子商务中的点击流数据。

表 3.11　基准数据集

数据集	类型	来源	$|\Sigma|$	序列的数量	每个序列的长度是否相同	长度
TSS	人类基因[①]	Transcriptional Start Sites	4	100	是，100	10000
WTC	转换序列[②]	WormsTwoClass in UCR time series data	20	77	是，150	11550
DNA1	DNA[③]	Home Sapiens AL158070	4	1	单一	6000
DNA2	DNA	Home Sapiens AL158070	4	1	单一	8000
DNA3	DNA	Home Sapiens AL158070	4	1	单一	10000
DNA4	DNA	Home Sapiens AL158070	4	1	单一	12000
DNA5	DNA	Home Sapiens AL158070	4	1	单一	14000
DNA6	DNA	Home Sapiens AL158070	4	1	单一	16000
SDB1	蛋白质	ASTRAL_1_161	20	507	否	91875
SDB2	蛋白质	ASTRAL_1_161	20	338	否	62985
SDB3	蛋白质	ASTRAL_1_161	20	169	否	32503
SDB4	蛋白质	ASTRAL_1_171	20	590	否	109424
SDB5	蛋白质	ASTRAL_1_171	20	400	否	73425
SDB6	蛋白质	ASTRAL_1_171	20	200	否	37327
BMS1	Gazelle	来自一个电子商务点击数据流	497	59601	否	149638
BMS2	Gazelle	来自一个电子商务点击数据流	3340	77512	否	358278

① TSS 选自 http://dbtss.hgc.jp，本实验选择了前 100 个正类序列。

② 时间序列 WormsTwoClass in UCR time series data 是通过符号聚合近似表示方法（symbloic aggregate approXimationSAX）进行符号化的[80]，其参数为 data_len=900、nseg=150 和 alphabet_size=20。

③ Home Sapiens AL158070 可在 http://www.ncbi.nlm.nih.gov/nuccore/AL158070.11 下载。

2. 对比方法说明

这里列出了用于验证 NOSEP 算法性能的所有算法，并对这些算法进行了简要说明。

1）gd-DSPMiner[81]算法：一种无特殊条件下对比序列模式挖掘算法。

2）SAIL[37]和 SBO[34]算法：它们是两种模式匹配算法，用于近似计算一次性条件下的模式支持度（第 2 章中已经证明了该问题是一个 NP-hard 问题）。

3）GSgrow[82]算法：一种无重叠条件下序列模式挖掘算法。

4）NOSEP-B 算法：一种采用回溯策略计算支持度的算法，该算法采用与 NOSEP 算法相同的剪枝策略实现候选模式的剪枝[75]。

5）NetM-B 算法和 NetM-D 算法：这两种算法使用 NETGAP 算法来计算支持度，但分别采用与 MAPB 算法和 MAPD 算法相同的广度优先搜索和深度优先搜索策略[71]，其中 NetM-B 算法将频繁模式存储在队列中，而 NetM-D 算法将频繁模式存储在堆栈中。NetM-B 算法和 NetM-D 算法的原理如下：首先从队列/堆栈得到一个频繁模式；然后依据 Apriori 性质，将其所有超模式都作为候选模式，并计算这些超模式的支持度，找到其中的频繁模式；最后将这些新获得的频繁模式入队/栈，迭代上述过程直到队列或堆栈为空为止。

3. 序列模式有效性的比较

在前面的章节中介绍了间隙约束序列模式挖掘存在 3 种形式：①无重叠条件；②无特殊条件；③一次性条件。下面采用 DNA 序列和时间序列进行实验，用于验证无重叠条件发现的模式的性能。

（1）在 DNA 序列上的实验

gd-DSPMiner 算法用于挖掘数据集 TSS 中的频繁模式，这些模式中除了模式 CCTC 外，都是由 C 和 G 组成的模式，该实验结果与分子生物学中的 CpG 孤岛结果一致。我们采用了与该方法相同的间隙约束参数设置，即 len=[1,15]和 gap=[1,2]。挖掘长度为 4 的 Top 19 个频繁模式，在图 3.9 中展示它们的支持数，其中左侧的三角形点所对应的模式是有意义的模式，是与 CpG 孤岛一致的模式，它们都是由 C 和 G 组成的模式；而右边的星点对应的模式是无意义的噪声模式。

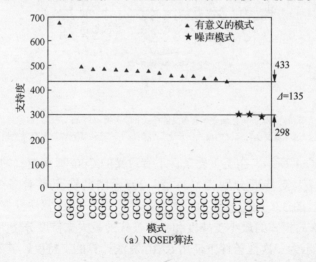

图 3.9　在 DNA 序列挖掘中对比无重叠条件与一次性条件挖掘效果

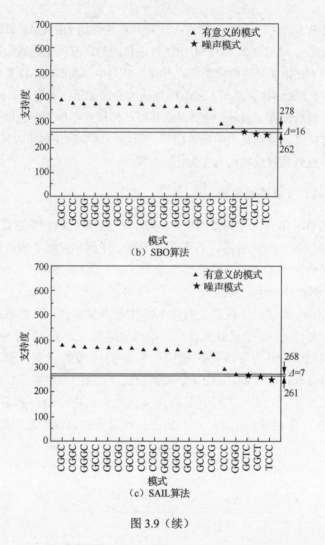

（b）SBO算法

（c）SAIL算法

图 3.9（续）

注：三角形和星形之间的区域表示有意义的模式和噪声模式之间的差距。显然差距越大，
算法就越容易发现有意义的模式；反之，差距越小，算法就越容易发现噪声模式。

如图 3.9（a）所示，在无重叠条件下有意义的 CpG 孤岛模式的最小支持度和噪声模式的最大支持度分别为 433 和 298，因此在无重叠条件下的间隙为433-298=135；图 3.9（b）所示为一次性条件下使用 SBO 算法计算的支持度，其对应的 CpG 孤岛模式的最小支持度和噪声模式的最大支持度分别为 278 和 262；图 3.9（c）所示为一次性条件下使用 SAIL 算法计算的支持度，其对应的 CpG 孤岛模式的最小支持度和噪声模式的最大支持度分别为 268 和 261。因此，在一次性条件下，使用 SBO 和 SAIL 算法的间隙分别为 16 和 7。显然，无重叠条件下的间隙比率 135/433 比一次性条件的间隙比率大。又由于 gd-DSPMiner 算法挖掘了一个噪声模式 CCTC，因此可以得出如下结论：相对于其他挖掘方法，无重叠条件序列模式挖掘更容易挖掘出有价值的模式，而不是噪声模式。

（2）在时间序列上的实验

这里选择了 WormsTwoClass（WTC）这一时间序列来展示无特殊条件、一次性条件和无重叠条件 3 种方法的挖掘差异。我们设置这 3 种挖掘方法的间隙约束参数都为 gap=[5,15]和 len=[1,150]，所有的挖掘方法都可以挖掘出频繁模式 dcd。为了显示挖掘结果的差异，选择了 WTC 中第 46 个时间序列，频繁模式对应的时间序列如图 3.10 所示。

图 3.10 中的曲线表示时间序列数据中的频繁模式。与图 3.10（c）相比，可以得出以下观察结果：①图 3.10（a）中的竖线中间部分的曲线形式显然与其他曲线形式不同，这是一种过表达；②图 3.10（b）中竖线中间部分的曲线形式显然与其他曲线形式相似，但是又未能表示出来，这是一种欠表达。造成这种现象的原因如下：这 3 个子图采用了不同方法描述模式 $P=p_1p_2p_3$=dcd，在一次性条件下，产生欠表达现象的原因是一次性条件要求过于严格，即它要求每一个位置的字符最多只能使用一次。例如，在一次性条件下，模式 d[0,2]c[0,2]d 在序列 dcdcd 中只有一个出现，要么<1,2,3>，要么<3,4,5>。然而该实例在无重叠条件下有两个出现，分别为<1,2,3>和<3,4,5>。因此，欠表达会在一次性条件下发生。在无特殊条件下，模式 d[0,2]c[0,2]d 在序列 dcdcdxd 中，<1,2,3>、<3,4,5>、<3,4,7>这 3 个出现均是满足条件的出现。然而，在无重叠条件下，该实例只有 2 个出现，分别为<1,2,3>和<3,4,5>。很显然，<3,4,7>是一个冗余出现。因此，从这个例子可以看出，在无重叠条件下的挖掘可以有效地避免无特殊条件的过表达和一次性条件的欠表达。

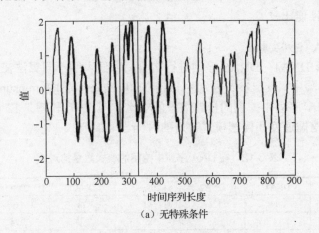

（a）无特殊条件

图 3.10　WTC 测试集中的频繁模式对应的时间序列

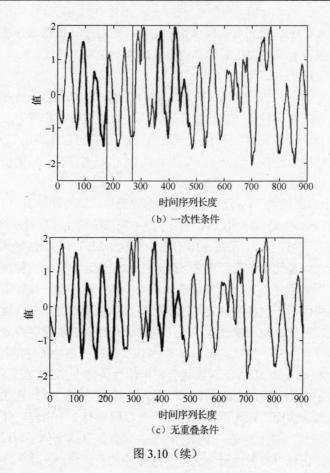

（b）一次性条件

（c）无重叠条件

图 3.10（续）

4. 算法性能比较

（1）DNA 序列实验

这里选择 DNA1～DNA6 序列进行实验，以便表明不同算法在性能方面的差异。在这些实验中，设定参数分别为 len=[1,20]、gap=[0,3]和 minsup=800。表 3.12 给出了在 DNA 序列中挖掘的模式数量的对比，图 3.11 和图 3.12 分别给出了在 DNA 序列中挖掘速度和候选模式数量的对比。

表 3.12　在 DNA 序列中挖掘的模式数量的对比

算法	DNA1	DNA2	DNA3	DNA4	DNA5	DNA6
GSgrow	9	26	41	78	119	195
NetM-B	14	36	82	175	274	500
NetM-D	14	36	82	175	274	500
NOSEP-B	14	36	82	175	274	500
NOSEP	14	36	82	175	274	500

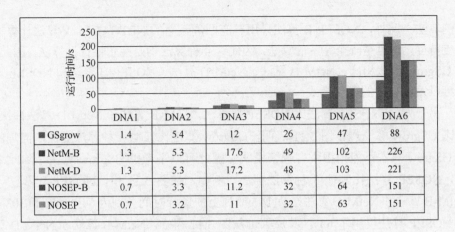

图 3.11　在 DNA 序列中挖掘速度的对比

	DNA1	DNA2	DNA3	DNA4	DNA5	DNA6
■ GSgrow	1.4	5.4	12	26	47	88
■ NetM-B	1.3	5.3	17.6	49	102	226
■ NetM-D	1.3	5.3	17.2	48	103	221
■ NOSEP-B	0.7	3.3	11.2	32	64	151
■ NOSEP	0.7	3.2	11	32	63	151

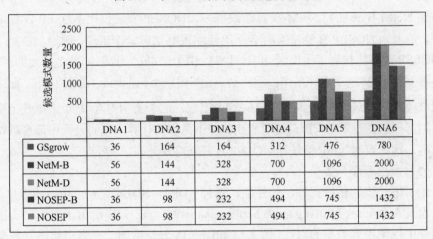

图 3.12　在 DNA 序列中候选模式数量的对比

	DNA1	DNA2	DNA3	DNA4	DNA5	DNA6
■ GSgrow	36	164	164	312	476	780
■ NetM-B	56	144	328	700	1096	2000
■ NetM-D	56	144	328	700	1096	2000
■ NOSEP-B	36	98	232	494	745	1432
■ NOSEP	36	98	232	494	745	1432

　　上述实验结果表明：一方面，NetM-B 算法、NetM-D 算法、NOSEP-B 算法和 NOSEP 算法具有比 GSgrow 算法更好的挖掘性能。根据表 3.12 可以知道，NetM-B 算法、NetM-D 算法、NOSEP-B 算法和 NOSEP 算法具有相同的挖掘结果，与 GSgrow 算法相比，这些挖掘算法可以发现更多的频繁模式，这一点在长序列上尤为显著。例如，在 DNA6 序列中，NetM-B 算法、NetM-D、NOSEP-B 算法和 NOSEP 算法可以找到 500 个频繁模式，而 GSgrow 算法只能找到 195 个频繁模式。造成这种现象的原因是 GSgrow 算法采用 INSgrow 算法计算一个模式的支持度，而 INSgrow 算法可能会丢失可行的出现解，因此其计算模式的支持度会小于实际值，进而导致 GSgrow 算法无法找到一些频繁模式。然而，NetM-B 算法、NetM-D 算法、NOSEP-B 算法和 NOSEP 算法之所以可以挖掘所有频繁模式，是因为它们使用 NETGAP 算法来计算支持度，并且前面已经证明了 NETGAP 算法是一个完

备的算法；此外，NOSEP-B 算法采用具有回溯策略的 NETGAP-back 算法计算模式支持度，这也是一个完备的算法，因此这 4 种算法均是完备性挖掘算法。因此，与 GSgrow 算法相比，NetM-B 算法、NetM-D 算法、NOSEP-B 算法和 NOSEP 算法可以发现更多的频繁模式。

另一方面，NOSEP 算法比 NOSEP-B 算法、NetM-B 算法和 NetM-D 算法都快，但比 GSgrow 算法慢。图 3.11 表明，GSgrow 算法比其他 4 种算法更快，但是由于 GSgrow 算法不能挖掘所有频繁模式，因此可以不考虑 GSgrow 算法。除此之外，NOSEP 算法比其他 3 种算法都快。例如，在图 3.11 中，NOSEP-B 算法、NetM-B 算法和 NetM-D 算法在 DNA5 序列上的运行时间分别为 64s、102s 和 103s，而 NOSEP 算法仅用了 63s。其原因可从图 3.12 得知，NetM-B 算法和 NetM-D 算法检查了 1096 个候选模式，而 NOSEP 算法仅检查了 745 个候选模式。因此，NOSEP 算法比 NetM-B 算法和 NetM-D 算法快得多。NOSEP 算法仅比 NOSEP-B 算法快一点，是因为 NOSEP-B 算法有时会采用回溯策略求解一个出现。例如，图 3.8 中，当 NOSEP-B 算法找到了子出现<8,10,11>时，由于结点 n_4^{12} 作为结点 n_3^{11} 唯一的孩子，已经被<5,7,9,12>这个出现所用，因此结点 n_4^{12} 不能被子出现<8,10,11>使用，此时触发回溯策略，并最终发现<8,10,14,16>这个出现。这个实例中有 3 个无重叠出现，但仅用了一次回溯策略，因此可以看出，并不是每次计算出现的过程中都会触发回溯机制，这导致 NOSEP 算法比 NOSEP-B 算法略快一点。

（2）蛋白质序列实验

为了进一步评估挖掘算法的性能，选择 SDB1～SDB6 这 6 个蛋白质数据库，并且设置参数 len=[1,30]、gap=[0,5]和 minsup=500。表 3.13 给出了在蛋白质序列数据库中挖掘模式数量的对比，图 3.13 和图 3.14 分别给出了在蛋白质序列数据库中挖掘速度和候选模式数量的对比。

表 3.13　在蛋白质序列数据库中挖掘模式数量的对比

算法	SDB1	SDB2	SDB3	SDB4	SDB5	SDB6
GSgrow	1072	410	110	1721	584	156
NetM-B	1248	472	120	1928	672	165
NetM-D	1248	472	120	1928	672	165
NOSEP-B	1248	472	120	1928	672	165
NOSEP	1248	472	120	1928	672	165

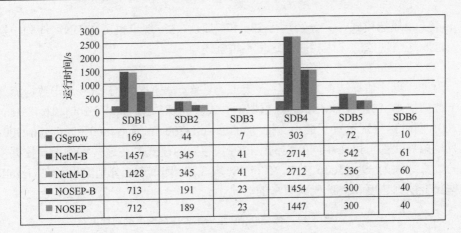

	SDB1	SDB2	SDB3	SDB4	SDB5	SDB6
■ GSgrow	169	44	7	303	72	10
■ NetM-B	1457	345	41	2714	542	61
■ NetM-D	1428	345	41	2712	536	60
■ NOSEP-B	713	191	23	1454	300	40
■ NOSEP	712	189	23	1447	300	40

图 3.13　在蛋白质序列数据库中挖掘速度的对比

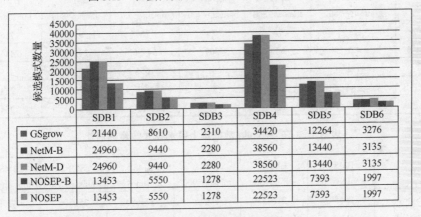

	SDB1	SDB2	SDB3	SDB4	SDB5	SDB6
■ GSgrow	21440	8610	2310	34420	12264	3276
■ NetM-B	24960	9440	2280	38560	13440	3135
■ NetM-D	24960	9440	2280	38560	13440	3135
■ NOSEP-B	13453	5550	1278	22523	7393	1997
■ NOSEP	13453	5550	1278	22523	7393	1997

图 3.14　在蛋白质序列数据库中候选模式数量的对比

　　上述实验结果表明，这 5 种算法不仅可以应用于单个序列挖掘，也可以应用于序列数据库挖掘。由表 3.13 可知，NetM-B 算法、NetM-D 算法、NOSEP-B 算法和 NOSEP 算法具有相同的挖掘结果，且与 GSgrow 算法相比可以发现更多的频繁模式。由图 3.13 可知，GSgrow 算法比其他 4 种算法快很多，但是 GSgrow 算法找不到所有的频繁模式。NOSEP 算法比 NOSEP-B 算法、NetM-B 算法和 NetM-D 算法快，其主要原因可从图 3.14 得知，即 NOSEP 算法可以有效地减少候选模式的数量。例如，在 SDB1 序列数据库中，NetM-B 算法和 NetM-D 算法的运行时间分别为 1457s 和 1428s，而 NOSEP 算法只需要 712s。这些现象也可以在 DNA 序列中发现，其原因是 NetM-B 算法和 NetM-D 算法都会检查 24960 个候选模式，而 NOSEP 算法只会检测 13453 个候选模式，因此 NOSEP 算法比 NetM-B 算法和 NetM-D 算法快得多。从图 3.13 和图 3.14 可以看出，较少的候选模式所需要的运行时间也较少。例如，在 SDB3 和 SDB1 序列数据库中，NOSEP 算法计算出 1278

和 13453 个候选模式，并分别运行 23s 和 712s。这一现象也可在 DNA 序列中发现。造成这些现象的原因相同，这里不再赘述。

（3）Gazelle 数据集实验

为进一步评估算法在大规模字符集上的性能，我们对电子商务点击数据流的两个数据集 BMS1 和 BMS2 进行挖掘，并设置间隙约束 gap=[0,200]和长度 len=[1,200]，同时也分别设置了最小支持度为 minsup=700、minsup=800 和 minsup=900。所有挖掘算法都可以在相同的实例中挖掘到相同的模式。在这些实例上，挖掘模式的数量分别为 59、42、36、112、75 和 58。表 3.14 和表 3.15 分别给出了在 Gazelle 数据集上挖掘速度和候选模式数量的对比。

表 3.14　在 Gazelle 数据集上挖掘速度的对比　　　　（单位：s）

算法	BMS1 minsup=700	BMS1 minsup=800	BMS1 minsup=900	BMS2 minsup=700	BMS2 minsup=800	BMS2 minsup=900
GSgrow	93	76	70	1266	933	716
NetM-B	451	340	309	54490	24990	24644
NetM-D	191	105	81	1055	497	335
NOSEP-B	184	99	75	809	387	288
NOSEP	157	85	65	712	343	254

表 3.15　在 Gazelle 数据集上候选模式数量的对比

算法	BMS1 minsup=700	BMS1 minsup=800	BMS1 minsup=900	BMS2 minsup=700	BMS2 minsup=800	BMS2 minsup=900
GSgrow	29559	21042	18036	374080	250500	193720
NetM-B	3127	1638	1224	8400	3900	2160
NetM-D	3127	1638	1224	8400	3900	2160
NOSEP-B	2810	1521	1156	5694	2737	2038
NOSEP	2810	1521	1156	5694	2737	2038

上述实验结果中，GSgrow 算法和 NOSEP 算法获得了相同数量的挖掘结果，其原因如下：在例 3.11 中，由于 GSgrow 算法不采用回溯策略，因此 GSgrow 算法不会在子出现<8,10,11>的基础上得到出现<8,10,14,16>，这是因为当字符集较小时，在相同间隙约束下，一个双亲结点会有多个孩子结点，即存在多选项的情况，可能会发生这种丢失可行出现的状况。然而，在字符集规模很大的情况下，这种多项选择发生的机会是较少的。因此，当字符集越小时，丢失可行出现的风险越高。这种现象可以在 DNA 序列和蛋白质序列实验中发现。由于 DNA 序列和蛋白质序列的字符集大小分别为 4 和 20，由表 3.12 和表 3.13 可知，NOSEP 算法在 DNA6 中可以发现 500 个模式，而 GSgrow 算法只发现了 195 个模式，因此在实例中 GSgrow 算法丢失超过 60%的模式；但是在 SDB4 蛋白质序列实验中，NOSEP

算法发现了 1928 个模式，而 GSgrow 算法发现了 1721 个模式，丢失率大约 11%。正因如此，Gazelle 数据集的字符集较大，因此丢失可行出现的风险降低，故此，在此数据集上，挖掘到的模式数量方面 GSgrow 算法得到了与 NOSEP 算法相同的结果。

需要强调的是，由表 3.14 可知，在诸多实例上，GSgrow 算法比 NOSEP 算法运行慢许多，特别是在 BMS2 中。产生这种现象的原因是，BMS2 的字符集大小为 3340，而 BMS1 的字符集大小为 497。由于 GSgrow 算法采用深度优先搜索策略来挖掘频繁模式，由例 3.13 可知，模式增长方法比深度优先搜索策略更有效，因此从表 3.15 可以看出，在设置 minsup=900 的 BMS2 实验中，GSgrow 算法对 193720 个候选模式进行计算，而 NOSEP 算法仅对 2038 个候选模式进行计算。也就是说，NOSEP 算法只需要计算 GSgrow 算法中大约 1%的候选模式。相似的情况也在其他实验数据中发生。例如，在 BMS1 实验中，设置 minsup=900，NOSEP 只需要检测 GSgrow 算法中约 6%的候选模式。这种现象也可以在 DNA 序列和蛋白质序列实验中看到。例如，由图 3.14 可知，在蛋白质 SDB4 实验中，GSgrow 算法需要对 34420 个候选模式进行计算，而 NOSEP 算法只需要计算 22523 个候选模式。因此，在蛋白质序列实例中，NOSEP 算法只需要计算 GSgrow 算法候选模式数目的大约 65%即可。同样的情况在图 3.12 中也可以发现，在 DNA 上，GSgrow 算法需要对 780 个候选模式进行计算，而 NOSEP 算法只是确定了 1432 个模式，NOSEP 算法检测候选模式数量大约是 GSgrow 算法的两倍。因此，实验结果表明，随着字符集的增大，GSgrow 算法的运行时间增加，这意味着 GSgrow 算法的性能显著下降，同时验证了 NOSEP 算法采用了比 GSgrow 算法更有效的剪枝策略。

综上所述，当字符集较小时，NOSEP 算法运行缓慢，但在同样的情况下可以找到更多的频繁模式；当字符集较大时，算法的挖掘结果相同，但是 NOSEP 算法运行速度更快。总而言之，NOSEP 算法具有更好的性能。

3.4.4 本节小结

本节首先给出了无重叠条件下序列模式挖掘问题的定义；然后提出了用于模式支持度计算的 NETGAP 算法，并理论证明了 NETGAP 算法的完备性；在此基础上，给出了具有 Apriori 性质的完备性挖掘算法 NOSEP，该算法采用模式增长策略生成候选模式，有效地缩减了候选模式的数量，提高了算法的挖掘效率；之后分析了 NOSEP 算法的时间复杂度和空间复杂度；最后，实验结果不但验证了 NOSEP 算法具有良好的求解性能，并且更进一步验证了无重叠序列模式挖掘能够有效地克服同类挖掘存在的过表达和欠表达问题，更易于发现有价值的频繁模式。

习　题

1. 间隙约束序列模式挖掘与传统序列模式挖掘的区别与联系是什么?

2. 当前间隙约束序列模式挖掘存在几种研究? 各种研究各自的特点是什么?

3. 与其他几种间隙约束序列模式挖掘相比, 无重叠条件间隙约束序列模式挖掘的优点是什么?

4. 当前采用 NOSEP 算法实现无重叠条件序列模式挖掘, 是否存在更加高效的无重叠条件间隙约束序列模式挖掘算法?

5. NOSEP 算法是在无重叠条件下挖掘所有频繁模式, 如何进行 Top-K 模式挖掘? 如何进行闭合模式挖掘? 如何进行最大频繁模式挖掘?

6. NOSEP 算法是在给定间隙约束情况下进行挖掘, 这要求用户需要具备一定的先验知识。若用户不具备先验知识, 在未知间隙约束下, 如何进一步提高挖掘算法的挖掘效率?

第4章 网树求解几种图问题

网树不但可以应用于间隙约束的模式匹配和序列模式挖掘中，而且可以用于求解图论中的一些问题。本章将应用网树在有向无环图（directed acyclic graph，DAG）内求解具有长度约束的路径数问题[83]、最长路径问题及具有长度约束的最大不相交路径问题[84]。

4.1 具有长度约束的路径数问题

图 $G=(V,E)$，其中 V 为顶点集，E 为边集。从顶点 v 到顶点 v' 的路径是一个有序顶点序列 $S=\{v=v_1,v_2,\cdots,v_m=v'\}$，其中顶点序列应满足 $<v_{j-1},v_j>\in E(1\leqslant j\leqslant m)$。路径长度是路径中有向边的数目[85-86]。如果序列 S 中任何两个顶点不重复出现，则称此路径为简单路径。具有长度约束的简单路径（simple path with length constraint，SPLC）问题是指定图 $G=(V,E)$ 中任意两点 u，v 和一个正整数 m，求解从 u 到 v 路径长度为 m 的简单路径数问题[87]。本节在有向无环图内求解该问题。

定义 4.1 邻接矩阵是表示顶点之间相邻关系的矩阵，图 G 采用邻接矩阵存储。二维数组元素 $g[i][j]=1(1\leqslant i,j\leqslant n,n=|V|)$ 表示顶点 i 到顶点 j 之间存在一条有向边，否则表示顶点 i 到顶点 j 之间无边。

顶点 v_i 的出度（用 $OD(v_i)$ 表示）是第 i 行的元素之和，计算公式如式（4.1）：

$$OD(v_i) = \sum_{j=0}^{n-1} g[i][j] \tag{4.1}$$

顶点 v_i 的入度（用 $ID(v_i)$ 表示）是第 i 列的元素之和，计算公式如式（4.2）：

$$ID(v_i) = \sum_{j=0}^{n-1} g[j][i] \tag{4.2}$$

例 4.1 如图 4.1 所示，有向无环图的顶点个数 $n=9$，求顶点 1～7 路径长度约束为 $m=4$ 的简单路径数。

从图 4.1 可以看出，顶点 1～7 路径长度约束为 4 的路径数为 10，即{1,2,4,3,7}、{1,2,3,6,7}、{1,4,3,6,7}、{1,2,5,8,7}、{1,4,5,8,7}、{1,4,9,8,7}、{1,5,9,8,7}、{1,2,4,9,7}、{1,2,5,9,7}和{1,4,5,9,7}。

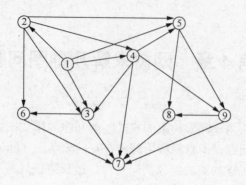

图 4.1　一个有向无环图

该问题的求解难度在于，顶点 u 和 v 之间的路径数呈指数形式，因此不能采用穷举法列出所有可能的路径并判定路径长度是否满足约束条件来进行求解，这里采用网树这一数据结构进行求解。

4.1.1　求解算法及复杂度分析

网树求解有向无环图中具有长度约束的简单路径（nettree for simple paths with length constraint in DAGs，NSPLCDAG）的基本思想为：将有向无环图 G 转化为一棵 $m+1$ 层网树，然后利用网树的树根路径数这一性质进行求解。在转化过程中，图 G 的顶点编号 i 即为网树结点名称 i，网树采用从树根层至 $m+1$ 层逐层创建的方式[83]。将图 G 转化为一棵网树及求解的流程如下：

首先，将顶点 u 作为网树的根结点 n_1^u，该结点为网树的第 1 层且其树根路径数 $N_r(n_1^u)=1$。

其次，依据网树第 $j-1$ 层结点创建网树第 j 层结点。其具体方法是：取网树中第 $j-1$ 层结点 n_{j-1}^i，如果 g$[i][l]$=1$(1 \leqslant l \leqslant n)$ 且在第 j 层未创建结点 n_j^l，则在网树的第 j 层创建结点 n_j^l 并在结点 n_{j-1}^i 和结点 n_j^l 间建立父子关系，并使得 n_j^l 的树根路径数与结点 n_{j-1}^i 的树根路径数一致；若 g$[i][l]$=1$(1 \leqslant l \leqslant n)$ 且在第 j 层已创建结点 n_j^l，则在结点 n_j^l 和结点 n_{j-1}^i 间建立父子关系，并使 n_j^l 的树根路径数累加上结点 n_{j-1}^i 的树根路径数。

最后，该网树第 m 层中与顶点 v 相连接的结点的树根路径数之和即为问题的解。

NSPLCDAG 算法描述如下：

算法 4.1　NSPLCDAG 算法

输入：有向无环图的顶点数 n，有向无环图的邻接矩阵，顶点 u、v 和两点间的路径长度约束 m

输出：路径数 pathnum

```
1: 读取图的邻接矩阵 g[i][j](1<=i,j<=n);
2: 依据顶点 u 初始化网树的根结点;
3: FOR(j=2;j<=m;j++)
4:    FOR (a=0;a<网树第 j-1 层结点数; a++)
5:       i=网树第 j-1 层第 a+1 个结点的名称;
6:       FOR (b=0;b<OD(V_i);b++)
7:          l=顶点 i 的第 b+1 个弧的弧尾顶点;
8:          IF (n_j^1 未被创建)
9:             创建 n_j^1 结点，N_r(n_j^1)= N_r(n_{j-1}^i)，第 j 层结点数自增;
10:         ELSE
11:            N_r(n_j^1) += N_r(n_{j-1}^i);
12:         END IF
13:      END FOR
14:   END FOR
15: END FOR
16: FOR (d=0;d<网树第 m 层结点数; d++)
17:    IF (g[d][v]==1) pathnum+=N_r(n_m^d);
18: END FOR
19: RETURN pathnum;
```

NSPLCDAG 算法的空间复杂度是 $O(mnt+n^2)$，且可进一步优化为 $O(n+|E|)$，这里 m、t、n 和 $|E|$ 分别表示两点间的路径长度约束、顶点最大出度、顶点数和边数。NSPLCDAG 算法占用的空间是由网树和图 G 的邻接矩阵两部分组成的。第一部分网树的开销为 $O(mnt)$，这是因为网树的深度是 m，网树中每层最多有 n 个结点，且每个结点最多有 t 个孩子。对 NSPLCDAG 算法可以做进一步改进，使网树的空间开销为 $O(n)$。其改进方法如下：由于 NSPLCDAG 算法仅依据网树中上一层结点信息来创建下一层结点，因此在存储网树的过程中仅保留一层网树结点即可。此外，在解决有向无环图中具有长度约束的简单路径（SPLC in DAGs）问题时，可以不必存储网树的父子关系，而仅计算当前结点的树根路径数，这样网树的开销可以缩减为 $O(n)$。第 2 部分存储图 G 邻接矩阵的开销为 $O(n^2)$，也可以将图 G 存储为三元组形式，其开销为 $O(|E|)$。因此，NSPLCDAG 算法优化后的空间复杂度为 $O(n+|E|)$。

NSPLCDAG 算法的时间复杂度为 $O(mnt)$。这是因为算法的第 3 行循环次数为 $O(m)$，第 4 行的最坏循环次数为 $O(n)$，第 6 行的最坏循环次数为 $O(t)$，算法的第 5、7、9 和 11 行均在 $O(1)$ 时间内即可完成，算法的第 16～18 行的最坏时间复杂度为 $O(n)$。综上，NSPLCDAG 算法的时间复杂度为 $O(mnt)$。

以例 4.1 为例来说明 NSPLCDAG 算法的工作原理。

根据 NSPLCDAG 算法的思想,将例 4.1 中的有向无环图转化为一棵 5 层网树,如图 4.2 所示。在图 4.2 中,箭头方向代表创建网树的方向,图中白色圆圈内的数字代表网树结点名称,灰色圆圈内的数字代表该结点的树根路径数。网树的创建和计算过程如下。

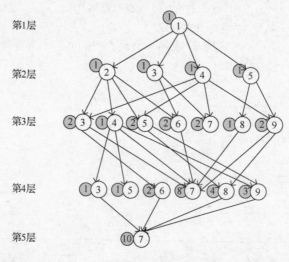

图 4.2　求解图 4.1 中顶点 1~7 路径长度为 4 的网树

将顶点 1 作为网树的根结点 n_1^1,树根路径数 $N_r(n_1^1)=1$。将满足 $g[1][l]=1(1\leqslant l\leqslant n)$ 条件的所有顶点创建为网树第 2 层结点 n_2^l,因此网树的第 2 层结点分别是 n_2^2、n_2^3、n_2^4 和 n_2^5,且这些结点的树根路径数均为 1。之后,对结点 n_2^2 创建孩子结点,创建依据为 $g[2][l]=1(1\leqslant l\leqslant n)$,这样可以创建第 3 层的结点 n_3^3、n_3^4、n_3^5 和 n_3^6,且这些结点的树根路径数均为 1。依据 $g[3][l]=1(1\leqslant l\leqslant n)$ 对结点 n_2^3 创建孩子结点,易知结点 n_2^3 有两个孩子结点,分别为 n_3^6 和 n_3^7,此时 n_3^6 的树根路径数为 2。依此类推,可以建立网树第 3 层和第 4 层全部结点。由于路径长度为 4,因此根据第 4 层结点与顶点 7 的连接情况,即 $g[l][7]=1(1\leqslant l\leqslant n)$ 的情况建立父子关系。由图 4.2 易知,问题的解为 1+2+4+3=10。

4.1.2　网树求解最长路径问题

求解最长路径问题是图论中的经典问题之一,其是指在给定的图 G 中找到路径长度最长的一条简单路径[88]。将 NSPLCDAG 算法中根据顶点 u 创建网树的根结点变为依据图 G 中所有入度为 0 的顶点来初始化网树的根结点,同时将创建网树深度为指定的长度约束变为网树不再有新的结点产生,即可对最长路径问题进行求解，形成网树求解有向无环图最长路径问题的算法（nettree for the longest path in DAGs，NLPDAG）。由于需要产生一条最长路径，因此 NLPDAG 算法需要从网树最深的一个叶子结点回溯至网树根结点以产生最长路径。因此，NLPDAG 算法需要对 NSPLCDAG 算法的第 2～3 行和 16～19 行进行修改，其余各行均保持不变，具体修改如下：

算法 4.2　NLPDAG 算法
输入：有向无环图的邻接矩阵
输出：最长路径 path

NLPDAG 算法的第 2~3 行：
2：依据图 G 中所有入度为 0 的顶点来初始化网树的根结点；
3：FOR(j=2；第 j-1 层结点个数>0；j++)

NLPDAG 算法的第 16～19 行：
16：K=j-2；
17：path[K]= 第 j-1 层的第一个结点名；
18：由 path[K]回溯至根结点形成最长路径 path；
19：RETURN path；

　　由于 NLPDAG 算法必须由最深层叶子结点回溯至网树根结点，因此 NLPDAG 算法不能将之前的各层空间释放。由 NSPLCDAG 算法的空间复杂度和时间复杂度分析易知，NLPDAG 算法的时间复杂度和空间复杂度分别为 $O(Knt)$ 和 $O(Knt+|E|)$，这里 K、t、n 和 $|E|$ 分别表示图中最长路径的长度、顶点最大出度、顶点数和边数。由于 NLPDAG 算法是由 NSPLCDAG 算法改进而来的，因此 NLPDAG 算法不但可以找到一条最长路径，同时根据所建立的网树可以描述所有最长路径。

　　以图 4.1 为例，说明最长路径是如何获得的。由于图 4.1 中入度为 0 的顶点只有顶点 1，因此以顶点 1 为网树的根结点，并以此创建网树。网树的前 4 层与图 4.2 一致，依据第 4 层结点创建第 5 层结点 n_5^6、n_5^7、n_5^8 和 n_5^9，依据第 5 层结点创建第 6 层结点 n_6^7 和 n_6^8，依据第 6 层结点仅能够创建第 7 层结点 n_7^7。由于顶点 7 的出度为 0，因此第 8 层结点个数为 0，循环结束，所创建的网树如图 4.3 所示。因此图 4.1 的最长路径的长度为 6，且最长路径的最终顶点为 7，而结点 n_7^7 的第一个双亲结点为 n_6^8。依此类推，回溯至第 1 层，就可以得到一条最长路径：{1,2,4,5,9,8,7}。从图 4.3 中可以看出，从结点 1 到结点 7 最长的路径只有一条，但在实际问题中，通常最长路径并不唯一。

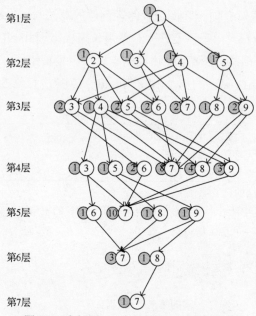

图 4.3　求解图 4.1 中最长路径生成的网树

　　如果仅需在有向无环图中找到一条最长路径，而无须计算最长路径的路径数，则可以对 NLPDAG 算法进行改进。NLPDAG 算法在有向无环图中求解最长路径时，对很多冗余信息进行了计算，这是因为 NLPDAG 算法将顶点 i 所指向的所有顶点均作为网树中结点 i 的孩子结点，而在求解最长路径时，应仅选择满足删除有向边 $<i,j>$ 后，顶点 j 的入度为 0 的点作为网树中顶点 i 的孩子结点，并形成改进的 NLPDAG 算法。由于此时不存在一个结点具有多个双亲的情况，因此网树也就退化为一棵树或一个森林（可以将树看成网树的特例）。其具体算法如下：

算法 4.3　改进的 NLPDAG 算法
输入：有向无环图的邻接矩阵
输出：最长路径 path

1：读取图的邻接矩阵 g[i][j] (1<=i, j<=n)；
2：依据图 G 中入度为 0 的所有顶点来初始化网树的根结点；
3：依次从已创建的网树中取一个未处理的结点 i，图 G 中所有有向边 <i,j> 的顶点 j 的入度自减；
4：IF (id(v_j)==0) 为结点 i 创建孩子结点 j；
5：重复步骤 3 和 4，直至不再有新的结点产生；
6：最长路径的长度=网树的最大深度-1，由该叶子结点回溯至根结点以获得最长路径 path；
7：RETURN path；

由于改进的 NLPDAG 算法对有向无环图中所有有向边仅处理一次,而每次处理的时间复杂度均在 $O(1)$ 内完成,因此改进的 NLPDAG 算法时间复杂度为 $O(|E|)$。易知,有向无环图若以三元组形式存储,则改进的 NLPDAG 算法空间复杂度为 $O(n+|E|)$。

按照改进的 NLPDAG 算法对图 4.1 进行求解,易知算法生成的网树如图 4.4 所示。

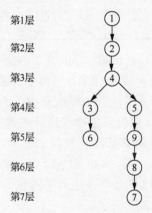

图 4.4　改进的 NLPDAG 算法求解最长路径生成的网树

4.1.3　实验结果及分析

这里给出了最长路径问题的两种求解算法,即 NLPDAG 算法和改进的 NLPDAG 算法,这两种算法的时间复杂度和空间复杂度对比如表 4.1 所示。

表 4.1　最长路径问题算法复杂度对比

算法	时间复杂度	空间复杂度
NLPDAG 算法	$O(Knt)$	$O(Knt+|E|)$
改进的 NLPDAG 算法	$O(|E|)$	$O(n+|E|)$

为了获得较大规模的有向无环图,我们采用 reduction 算法,将具有间隙约束的模式匹配问题转化为有向无环图。这里采用了在 SBO 算法中使用的前 4 种模式串 P_1、P_2、P_3 和 P_4,并且忽略 SBO 算法中使用的全局约束。序列串采用美国国家生物计算信息中心公布的猪流感 H1N1 病毒的一种候选 DNA 序列 [A/Managua/2093.01/2009(H1N1)][①] 中的第一个片段的前 510 个字符,在增加源点和汇点后,使得 DAG1~DAG4 的大小均为 512。为了避免序列串对问题求解的影响,DAG5~DAG8 采用 SBO 算法中的 P_2 模式,而序列串则采用前述 DNA 序列的第 1~4 个序列片段的全部字符,在增加源点和汇点后,使得 DAG5、DAG6、

---

① A/Managua/2093.01/2009（H1N1）可在 https://www.ncbi.nlm.nih.gov/nuccore/CYO58563 下载。

DAG7 和 DAG8 的大小分别为 2288、2301、2171 和 1722。表 4.2 给出了生成有向无环图的模式串。

表 4.2　生成有向无环图的模式串

序号	模式串
P_1	a[0,3]t[0,3]a[0,3]t[0,3]a[0,3]t[0,3]a[0,3]t[0,3]a[0,3]t[0,3]a
P_2	G[1,5]t[0,6]a[2,7]g[3,9]t[2,5]a[4,9]g[1,8]t[2,9]a
P_3	g[1,9]t[1,9]a[1,9]g[1,9]t[1,9]a[1,9]g[1,9]t[1,9]a[1,9]g[1,9]t
P_4	g[1,5]t[0,6]a[2,7]g[3,9]t[2,5]a[4,9]g[1,8]t[2,9]a[1,9]g[1,9]t

实验运行的软硬件环境为 Intel® Core™ 2 Duo CPU T7100 处理器、主频 1.80GHz、内存 1GB、Windows 7 操作系统。由于算法的运行速度较快，运行时间较短，因此这里全部实验均采用运行 100 次获得总的运行时间，然后单次运行时间为总时间除以 100 的方法，以便较为准确地获得算法在各个实例上的运行时间。为了测试有向无环图的大小对算法运行时间的影响，对 DAG1、DAG2、DAG3 和 DAG4 分别在 256、320、384、448 和 512 个结点的子图以及原图中路径长度约束分别为 12、10、12 和 12 的条件下进行了测试，并与 reduction 算法的运行时间进行了对比，结果如表 4.3 所示。

表 4.3　不同大小有向无环图的算法运行时间对比

图名称	路径长度约束 m	顶点数	问题解/个	reduction 算法的运行时间/ms	NSPLCDAG算法的运行时间/ms
DAG1	12	256	40	4.84	0.94
	12	320	40	5.32	1.25
	12	384	386	12.50	2.03
	12	448	386	17.19	2.5
	12	512	386	26.09	2.97
DAG2	10	256	12012	132.50	1.41
	10	320	24684	288.75	2.03
	10	384	31278	460.15	2.81
	10	448	42762	740.78	3.43
	10	512	55923	904.53	4.22
DAG3	12	256	31373	355.31	1.56
	12	320	61608	901.25	1.56
	12	384	89704	1308.28	2.81
	12	448	99198	1647.97	4.22
	12	512	135193	2526.10	4.69

图名称	路径长度约束 m	顶点数	问题解/个	reduction 算法的运行 时间/ms	NSPLCDAG算法的运行 时间/ms
DAG4	12	256	35539	357.03	0.87
	12	320	74458	1080.47	1.44
	12	384	109258	1548.12	3.08
	12	448	123782	2101.09	2.91
	12	512	167794	2901.40	2.83

　　为了对比算法在不同路径长度约束下解的大小及运行时间，对 DAG1 和 DAG2 两幅图在长度约束分别为 16、17、18、19、20 和 21，以及 DAG3 和 DAG4 两幅图在长度约束分别为 18、24、30、36、42 和 48 的情况下进行了测试，结果如表 4.4 所示。

表 4.4　不同长度约束下算法运行时间

图名称	路径长度约束 m	问题解/个	NSPLCDAG 算法的运行时间/ms
DAG1	16	884	1.97
	17	0	1.96
	18	1092	2.58
	19	0	2.33
	20	360	2.03
	21	0	2.08
DAG2	16	3281059	4.47
	17	0	4.09
	18	0	4.30
	19	26537036	4.48
	20	0	4.70
	21	0	4.97
DAG3	18	9466972	5.63
	24	790664231	5.62
	30	56485170822	5.94
	36	4321739185142	7.35
	42	272754257287024	7.81
	48	12638966539700128	9.06
DAG4	18	13947750	4.53
	24	1340042909	6.41
	30	119833139429	7.18
	36	10906693648838	8.44
	42	756148905584048	8.44
	48	51060826962548128	8.60

　　表 4.5 给出了采用 NLPDAG 算法和改进的 NLPDAG 算法求得的 DAG1～DAG8 共 8 幅图的最长路径长度、最长路径及运行时间。

表 4.5　最长路径长度、最长路径及运行时间

图名称	NLPDAG 算法所求的最长路径长度及最长路径	改进的 NLPDAG 算法所求的最长路径长度及最长路径	NLPDAG 算法的运行时间/ms	改进的 NLPDAG 算法的运行时间/ms
DAG1	20 {1,320,322,325,328,330,332,333,337, 339,342,343,344,345,346,350,353,354, 357,361,512}[①]	20 {1,320,322,325,328,330,332,333, 337,339,342,343,344,345,346,350, 353,354,357,361,512}	1953	5.47
DAG2	73 {1,131,135,137,142,146,149,154,159, 169,179,…,470,475,484,488,493,498, 508,512}[②]	73 {133,138,141,144,151,153,158, 162,172,182,186,…,460,470,476, 486,496,500,504,510,512}	1515	4.38
DAG3	75 {1,131,135,137,142,146,149,151,153, 157,160,164,169,179,189,191,193,198, 200,206,214,216,221,231,239,248,250, 256,260,267,269,271,273,277,283,288, 290,294,296,299,303,307,313,321,327, 330,340,342,349,359,366,369,372,382, 386,392,397,402,408,412,414,416,418, 420,426,435,440,450,460,470,475,484, 488,493,498,512}[③]	75 {126,131,135,140,142,146,149, 151,153,158,162,172,182,186,192, 197,199,202,209,211,214,220,222, 231,241,251,257,261,264,267,269, 272,275,277,284,288,292,294,296, 302,304,307,317,326,332,339,341, 346,354,364,366,371,376,382,386, 393,399,402,408,412,414,416,423, 433,437,439,444,450,460,470,476, 486,496,500,504,512}	1891	5.16
DAG4	78 {1,131,135,137,142,146,149,151,153, 157,160,164,169,179,189,190,193,198, 200,206,214,216,221,231,239,248,250, 256,260,267,269,271,273,274,283,288, 289,294,296,299,303,307,313,321,327, 330,340,342,349,359,366,369,372,374, 377,383,385,386,392,397,402,408,412, 414,416,418,419,426,435,440,450,460, 470,475,484,488,493,498,512 }[③]	78 {126,131,135,140,142,146,149, 151,153,158,162,172,182,186,192, 197,199,202,209,211,214,220,222, 231,241,251,257,261,264,267,269, 272,275,277,284,288,292,298,301, 302,304,307,317,326,332,339,341, 346,354,364,366,371,373,375,381, 383,385,386,393,399,402,408,412, 414,416,423,433,437,439,444,450, 460,470,476,486,496,500,504,512}	1485	6.56
DAG5	—[④]	331 {133,138,141,144,151,153,158, 162,172,182,186,…,1825,1831, 1835,1838,1848,1852,2288}	—[④]	74.06
DAG6	—[④]	281 {946,950,959,967,977,981,985, 993,1002,1011,1016,…,2282,2284 ,2288,2296,2300,2301}	—[④]	72.19
DAG7	—[④]	203 {454,459,463,465,475,479,489, 498,506,513,518,…,1447,1455,145 7,1461,1468,1477,2171}	—[④]	70.47
DAG8	—[④]	343 {1,8,12,19,25,35,41,50,60,65,69, 73,75,79,86,…,1695,1700,1704, 1709,1713,1721,1722}	—[④]	43.91

①"{}"前面的数字代表最长路径的长度，"{}"内的数字串代表求解出的最长路径。

② 由于 DAG2 及 DAG5～DAG8 的最长路径长度较大，限于篇幅，这里仅给出了最长路径的开始和结束的部分值，中间的绝大部分采用"…"进行了省略。

③ 由于 DAG3 和 DAG4 的最长路径的解仅在 370～385 附近有所差异，其他部分较为相似，因此这里对这两个实例给出了详细的最长路径。

④ 由于 DAG5～DAG8 图相对较大，NLPDAG 算法消耗空间过大，因此在这些实例上未能给出运行结果。

1）NSPLCDAG 算法的效率要大大优于 reduction 算法。通过表 4.3 的全部 20 个实例可以看出，reduction 算法的运行时间均显著长于 NSPLCDAG 算法。例如，在 DAG3 中，当路径长度约束 m 为 12，顶点数为 512 时，reduction 算法的运行时间为 2526.10ms，而 NSPLCDAG 算法的运行时间为 4.69ms。这些实验充分说明了 NSPLCDAG 算法的效率要大大优于 reduction 算法。

2）reduction 算法的求解时间与顶点数的大小相关，特别是与解的大小相关，解越大，求解时间显著增加。在表 4.3 的 DAG1 中，当路径长度约束 m 为 12，顶点数分别为 384、448 和 512 时，问题解的大小均为 386，reduction 算法运行时间分别为 12.50ms、17.19ms 和 26.09ms，这说明了 reduction 算法的运行时间与顶点数的大小相关。在 DAG2、DAG3 和 DAG4 中，当解显著增加时，问题的求解时间也显著增大。例如，在 DAG3 中，当路径长度约束 m 为 12，顶点数分别为 384、448 和 512 时，问题解的大小分别为 89704、99198 和 135193，其运行时间分别为 1308.28ms、1647.97ms 和 2526.10ms。这些实例充分说明了当解显著增加时，reduction 算法的求解时间也显著增大。产生上述现象的原因是，reduction 算法是从汇点出发，对每条简单路径进行逐一回溯，通过枚举所有可能的解来获得所有的简单路径，因而 reduction 算法的求解时间与解的大小相关。

3）NSPLCDAG 算法的求解时间与图的大小和长度约束大小相关。更为重要的是，当问题的解显著增加时，求解时间并不显著增大。通过表 4.3 可以看出，NSPLCDAG 算法的求解时间与图的尺寸未呈现绝对线性变化，但是当图的尺寸增大时，运行时间也相应增加，因此 NSPLCDAG 算法的求解时间与图的大小呈正相关。表 4.4 也呈现出同样的特点，虽然运行时间与路径长度约束 m 未呈现绝对线性变化，但是随着路径长度约束 m 的增大，运行时间也相应增加，因此 NSPLCDAG 算法的求解时间与长度约束呈正相关。此外，通过表 4.3 和表 4.4 还可以看出，当问题的解快速增加时，问题的求解时间并未显著增大，这一特点在表 4.4 中体现得尤为明显。例如，在 DAG4 中，当路径长度约束由 18 变为 48 时，问题的解增加了近 5×10^9 倍，然而问题的求解时间增大不到一倍。这充分说明了当问题的解显著增加时，求解时间并不显著增大。当路径长度约束为 18 时，DAG3 解的大小小于 DAG4 解的大小，但是在 DAG3 中的运行时间却略长于 DAG4，这说明问题的求解速度与解的大小无关。

NSPLCDAG 算法之所以是一个高效求解算法，是因为其采用网树结构，该结构将同一层结点名称相同的结点合并为一个网树结点，有效地避免了组合爆炸现象的发生，大大地提高了问题的求解速度。

4）表 4.4 中部分实例的解为 0 的分析与说明。在表 4.4 的 DAG1 中，当路径长度约束 17、19 和 21 时，问题的解均为 0。造成这一现象的原因有两种：①通过表 4.5 可以看出，DAG1 的最长路径长度为 20，路径长度约束在大于最大路径长度时问题的解为 0，所以 DAG1 中路径长度约束为 21 时问题的解为 0；②由于这里全部有向无环图均采用 reduction 算法转化而来，对于 DAG1 来说，指向汇点的所有有向边均由模式串 P_1 的最后一个字符 a 来生成。由于模式串 P_1 中 a 与 t 交替出现，因此当路径长度约束为偶数时，问题的解均不为 0；而为奇数时，如为 17 和 19 时，问题的解均为 0。在 DAG2、DAG3 和 DAG4 中存在同样的现象，由于模式串 P_2、P_3 和 P_4 中 a、t 和 g 三者交替出现，由模式串 P_2 可知，DAG2 在长度约束为 3 的倍数+1 时，结果均不为 0，而在其他情况下均为 0。由模式串 P_3 和 P_4 可知，DAG3 和 DAG4 在长度约束为 3 的倍数时，结果均不为 0，而其他情况均为 0。表 4.4 的 DAG2、DAG3 和 DAG4 在不同长度约束下的求解结果验证了即使路径长度约束小于最长路径长度，两点间的简单路径数也可能为 0。

5）改进的 NLPDAG 算法适用于求解大规模有向无环图的最长路径问题。通过表 4.5 可以看出，NLPDAG 算法在求解大小为 512 的 4 个有向无环图的最长路径时，在最长路径长度达到 78 时，由于占用空间较大，因此运行时间接近 2s，而改进的 NLPDAG 算法运行时间小于 10ms。在 DAG5~DAG8 的大小达到 2000 数量级且最长路径达到 300 数量级时，NLPDAG 算法因占用空间过大未能给出运行结果，而改进的 NLPDAG 算法的求解时间小于 100ms。这些实例充分说明了改进的 NLPDAG 算法具有较快的求解速度，适用于求解大规模有向无环图的最长路径问题。

6）有向无环图中最长路径不唯一。表 4.4 的 DAG1 中路径长度约束为 20（为该图最长路径长度）时，问题的解为 360。这说明在 DAG1 中，从顶点 1 到顶点 512 共有 360 条不同的最长简单路径。此外，表 4.5 中，NLPDAG 算法和改进的 NLPDAG 算法在 DAG1~DAG4 中给出相同的最长路径长度，相互验证了算法的正确性，并在 DAG2、DAG3 和 DAG4 中给出了不同的最长路径，充分说明了有向无环图中最长路径不唯一。

7）对其他现象的分析与说明。对于表 4.3 的 DAG1，当其尺寸发生变化时，问题的解可能并不发生变化，即 DAG1 的尺寸为 384、448 和 512 时，问题的解均为 386。这说明在 DAG1 中，从顶点 1 到 512 在路径长度约束为 12 的情况下，没有经过顶点 384~511 的路径。

由于 NSPLCDAG 算法采用了动态分配内存的方式，因此运行时间会有一定的扰动，故算法在表 4.3 的 DAG3 中顶点数为 256 和 320 时取得了相同的运行时间 1.56ms；另外，在表 4.4 的 DAG4 中，路径长度约束为 36 和 42 时，运行时间都为 8.44ms；在表 4.4 的 DAG1 中，在路径长度约束为 18 时，算法运行时间比路径长度约束为 19、20 和 21 的运行时间都长；在表 4.4 的 DAG2 中，在路径长度约束为 16 时，算法运行时间比路径长度约束为 17 和 18 的运行时间都长，这说明算法在某些实例上运行时间会有一定的扰动。

4.1.4　本节小结

本节介绍了求解 SPLC in DAGs 问题的 NSPLCDAG 算法,该算法将此问题转化为一棵网树,并利用网树的树根路径数性质对该问题进行求解。网树的多前驱多后继性有效地避免了组合爆炸现象的发生,大大地提高了问题的求解速度,使得 NSPLCDAG 算法的时间复杂度和空间复杂度分别为 $O(mnt)$ 和 $O(n+|E|)$,这里 m、t、n 和 $|E|$ 分别表示两点间的路径长度约束、顶点最大出度及顶点数和边数。通过对 NSPLCDAG 算法进行适当修改,形成了在有向无环图中求解最长路径问题的 NLPDAG 算法;对 NLPDAG 算法进行改进,形成了改进的 NLPDAG 算法。改进的 NLPDAG 算法的时间复杂度和空间复杂度分别为 $O(|E|)$ 和 $O(n+|E|)$,这里 n 和 $|E|$ 分别表示图的顶点数和边数。实验结果验证了 NSPLCDAG 算法和改进的 NLPDAG 算法的正确性和有效性。

4.2　具有长度约束的最大不相交路径问题

本节将介绍具有长度约束的最大不相交路径问题[84,89]。在有向无环图 G 中,从 s 到 t 两点间路径长度为 k 的所有简单路径数称为两点间具有长度约束的路径数问题,其解用 $N(G,s,t,k)$ 来表示。若 A 和 B 是有向无环图 G 中从 s 到 t 两点间的 2 条简单路径,如果除去 s 和 t 顶点,A 与 B 路径再无公共顶点,则称路径 A 与 B 是 2 条不相交的路径[90-91]。具有长度约束的最大不相交路径问题就是求解图中两点间路径长度为 k 的最大不相交路径[84]。

定义 4.2　设路径 P 是一条从 s 到 t 两点间长度为 k 的简单路径,路径 P 对图 G 的影响是 $N(G,s,t,k)$ 和 $N(G',s,t,k)$ 的差值,这里 G' 是从图 G 中移除路径 P 中除 s 和 t 以外所有的顶点及与其相关所有边的剩余子图,即 $G'=G-P$。

为了有效地寻找最大不相交路径,这里采用两点间路径数作为对图影响最小评价函数,这是因为通常路径数越多,存在不相交的路径数则可能越多。因此,在生成路径的过程中,如果当前顶点连接多个顶点,在备选顶点中选择两点间经过该顶点路径数最小的顶点,以此进行贪婪搜索[92]。为了能够快速计算出两点间路径数及经过每个顶点的路径数,并方便地构造求解算法,这里采用网树结构进行求解。

定义 4.3(总路径数)　两点间经过顶点 i 且长度为 k 的路径总数称为顶点 i 的总路径数,用 $T(i)$ 来表示。

由于网树结点都是依据 DAG 图中顶点生成的,因而 DAG 图中顶点 i 在网树上生成结点的标签都为 i。故此顶点 i 的总路径数是由分布在网树中各层结点 n_j^i 的树根叶子路径所组成的，顶点 i 的总路径数计算公式如下：

$$T(i)=\sum_{j=1}^{k}N_p(n_j^i) \tag{4.3}$$

式中，k 是网树最大深度。

4.2.1　求解算法及复杂度分析

在读取图的邻接矩阵 $\boldsymbol{G}$ 后，首先将顶点 s 作为网树的根结点 n_1^s，其次依据网树第 $j-1$ 层结点创建网树第 j 层结点。其具体方法是：取网树的第 $j-1$ 层结点 n_{j-1}^i，如果 $g[i][l]=1(1\leqslant l\leqslant n)$ 且在第 j 层未创建结点 n_j^l，则在网树的第 j 层创建结点 n_j^l 并在结点 n_{j-1}^i 和结点 n_j^l 间建立父子关系；若 $g[i][l]=1(1\leqslant l\leqslant n)$ 且在第 j 层已创建结点 n_j^l，则在结点 n_{j-1}^i 和结点 n_j^l 间建立父子关系。最后创建叶子结点 n_{k+1}^t，并使其与该网树第 k 层中与顶点 t 相连接的结点之间建立父子关系。将图转化为网树的 Transforming 算法的描述如下：

算法 4.4　Transforming 算法

输入：有向无环图 G，源点 s，汇点 t 和长度 k

输出：一棵深度为 k+1 的网树 Nettree

```
1: 读入图的邻接矩阵 g[i][j] (1<=i,j<=n);
2: 依据顶点 s 初始化网树的根结点;
3: for j=2 to k step 1 do
4:     for a=0 to 网树第 j-1 层结点数-1 step 1 do
5:         i=网树第 j-1 层第 a+1 个结点的标签;
6:         for b=0 to OD(Vi)-1 step 1 do
7:             l=顶点 i 的第 b+1 个弧的弧尾顶点;
8:             if (nj¹ 未被创建)
9:                 创建 nj¹ 结点;
10:            end if
11:            在结点 N(nj-1ⁱ) 和 N(nj¹) 之间建立父子关系;
12:        end for
13:     end for
14: end for
15: for 网树第 k 层结点 d do
16:     if (g[d][t]==1) 在结点 N(nkᵈ) 和 N(nk+1ᵗ) 之间建立父子关系;
17: end for
18: return Nettree;
```

由于结点 n_j^i 到达树根结点的路径数用 $N_r(n_j^i)$ 来表示，而这些路径的长度为

j−1，因此 k+1 层叶子结点 n_{k+1}^t 到达树根的路径数就为 $N_r(n_{k+1}^t)$。此时路径的长度为 k，而树根结点为 s，因此 $N_r(n_{k+1}^t)$ 就可以表示 s 和 t 两点间具有长度约束的路径数问题，即 $N(G,s,t,k) = N_r(n_{k+1}^t)$。

为了求解 s 和 t 之间最大不相交路径问题，在每次获得一条长度为 k 的路径时，应选择对有向无环图影响最小的路径 P。为了找到这样一条路径 P，本节提出了优化路径策略生成 PO 路径。为了对比 PO 路径的好坏，本节又给出了最左路径策略产生 PL 路径和最右路径策略产生 PR 路径。

优化路径策略是指从结点 n_{k+1}^t 向上回溯出一条长度为 k 的路径过程中，需要查找 k 次当前结点 n_j^i 的优化双亲结点。优化双亲结点的选择原则是：在结点 n_j^i 的未被使用的双亲结点中选择一个总路径数最小的结点作为优化双亲结点，由此形成路径 PO。

OptimizedMost 算法如下：

算法 4.5　OptimizedMost 算法

输入：网树 Nettree，顶点使用情况 used，汇点 t 和长度 k

输出：路径 PO

```
1: for j=2 to k step 1 do
2:      计算第 j 层每个结点的 Nr(ni j)值;
3: end for
4: for j=k to 2 step -1 do
5:      计算第 j 层每个结点的 Nl(ni j)值;
6:      计算第 j 层每个结点的 Np(ni j)值;
7: end for
8: for i=1 to n step 1 do
9:      依据式(4.3)，计算图中每个顶点的 T(i)值;
10: end for
11: PO[k]= t;
12: for j=k-1 downto 1 step -1 do
13:      PO[j]=PO[j+1]的未被使用的最小 T(i)值的双亲结点;
14: end for
15: return PO;
```

最左路径策略是指从结点 n_{k+1}^t 向上回溯一条长度为 k 的路径过程中，每次均选择当前结点的未被使用的最左双亲结点，由此形成路径 PL。

LeftMost 算法如下：

算法 4.6　LeftMost 算法

输入：网树 Nettree，顶点使用情况 used，t 和 k

输出：路径 PL
1: PL [k]= k; 2: for j=k-1 down to 1 step -1 do 3:　　PL[j]=依据 used 选择 PL[j+1]的未被使用的最左双亲结点； 4: end for 5: return PL;

最右路径策略与最左路径策略极为相似，即在回溯产生长度为 k 的路径过程中，每次选择当前结点未被使用的最右双亲结点，并形成路径 PR。

RightMost 算法如下：

算法 4.7　RightMost 算法 输入：网树 Nettree，顶点使用情况 used，汇点 t 和长度 k 输出：路径 PR
1: PR [k]= k; 2: for j=k-1 down to 1 step -1 do 3:　　PR[j]=依据 used 选择 PR[j+1]的未被使用的最右双亲结点； 4: end for 5: return PR;

现在存在 OptimizedMost、LeftMost 和 RightMost 这 3 种不同策略，可以分别形成 PO、PL 和 PR 共 3 种路径。GP、LP 和 RP 算法是分别对应采用上述 3 种策略而形成的求解算法。另外一个简单而合理的想法是从这 3 种路径中选择对图影响最小的路径 P，并形成 SP 算法。

SP 算法如下：

算法 4.8　SP 算法 输入：有向无环图 G，s，汇点 t 和长度 k 输出：最大不相交路径集合 C
1: 依据 Transforming 算法，将有向无环图 G 转化为一棵网树； 2: 计算 N(G,s,t,m)的值； 3: do while N(G,s,t,m)>0 4:　　PL=依据 LeftMost 策略生成的路径； 5:　　依据定义 4.2 计算 PL 对图的影响值 NL； 6:　　PR=依据 RightMost 策略生成的路径； 7:　　依据定义 4.2 计算 PR 对图的影响值 NR； 8:　　PO=依据 OptimizedMost 策略生成的路径； 9:　　依据定义 4.2 计算 PO 对图的影响值 NO； 10:　　P=PL、PR 和 PO 中对图的影响最小的路径； 11:　　依据 P 更新 used 数组；

```
12:     C=C∪P
13:     G=G-P
14:     更新 N(G,s,t,m) 的值;
15: loop
16: return C;
```

通过 SP 算法，很容易获得 GP、LP 和 RP 算法，获得方法如下。

1）GP 算法：SP 算法中略去第 4~7 行及第 10 行，同时将第 11 行改为"依据 PO 更新 used 数组"。

2）LP 算法：SP 算法中略去第 6~10 行，同时将第 11 行改为"依据 PL 更新 used 数组"。

3）RP 算法：SP 算法中略去第 4~5 行及第 8~10 行，同时将第 11 行改为"依据 PR 更新 used 数组"。

这样就形成了 4 种不同的求解算法，即 SP、GP、LP 和 RP 算法。

LP、RP、GP 和 SP 算法的空间复杂度均为 $O[kn(p+q)+n^2]$，这里 k、n、p 和 q 分别是长度约束、图中顶点数、图 G 中顶点的最大入度和最大出度。这是因为图 G 的邻接矩阵的空间复杂度为 $O(n^2)$。网树的深度为 $k+1$ 层，每层最多有 n 个网树结点，每个结点最多有 p 个双亲和 q 个孩子，这里 p 和 q 分别是图 G 中顶点的最大入度和最大出度，因此存储一棵网树需要空间复杂度为 $O[kn(p+q)]$。无论是 LeftMost 策略、RightMost 策略还是 OptimizedMost 策略都需要 $O(k)$ 来存储生成的路径，而 LP、RP、GP 和 SP 算法都需要使用 used 数组来标识图 G 中的某个顶点是否已经使用了，used 数组的大小为 $O(n)$。综上，LP、RP、GP 和 SP 算法的空间复杂度均为 $O[kn(p+q)+n^2]$。

LP、RP、GP 和 SP 算法的时间复杂度均为 $O[wkn(p+q)]$，这里 w 是问题的解。首先分析 Transforming 算法的时间复杂度，显然算法第 3 行的循环次数为 $O(k)$；第 4 行和第 15 行网树第 $j-1$ 层和第 k 层结点数最多不超过 n 个，因此循环次数为 $O(n)$；第 6 行的循环次数为 $O(q)$，这里 q 为图的最大顶点出度；而第 5 行和第 7~11 行及第 16 行均在 $O(1)$ 时间复杂度内完成，因此 Transforming 算法的时间复杂度为 $O(knq)$。

然后分析 LeftMost 策略的时间复杂度，LeftMost 策略第 2 行的时间复杂度为 $O(k)$。每个结点最多有 p 个双亲，因此在选择最左双亲过程中最多有 $O(p)$ 种选择，这里 p 为图的最大顶点入度。而判断某个结点是否使用仅仅需要在 used 数组中查看该双亲结点是否使用，因此检测的时间复杂度为 $O(1)$。这样 LeftMost 策略的时间复杂度为 $O(kp)$。同理，RightMost 策略的时间复杂度也为 $O(kp)$。

OptimizedMost 策略中，第 1 行、第 4 行和第 12 行的循环次数均为 $O(k)$；网树的每层最多有 n 个结点，每个结点最多有 p 个双亲和 q 个孩子，因而第 2 行和第 5 行的时间复杂度分别为 $O(nq)$ 和 $O(np)$；第 6 行的时间复杂度为 $O(n)$；第 13 行的时间复杂度为 $O(p)$，因此算法中除第 8～10 行之外的时间复杂度为 $O[k(p+q)]$，而第 9 行时间复杂度为 $O(k)$，因为一个顶点最多在 $k+1$ 层的网树上出现 $O(k)$ 次，而第 8 行的循环次数为 n 次，因此 OptimizedMost 策略的总体时间复杂度为 $O[kn(p+q)]$。

计算或更新 $N(G,s,t,m)$ 的值的时间复杂度为 $O(knq)$，这是因为网树有 $O(k)$ 层网树结点，每层最多有 $O(n)$ 个结点，每个结点的孩子是 $O(q)$。因此，SP 算法的第 1、2、5、7、9 和 14 行的时间复杂度都为 $O(knq)$；第 10 行的时间复杂度为 $O(1)$；第 12 行和第 13 行的时间复杂度都为 $O(k)$。SP 算法的第 3 行最大循环次数为 w 次，这里 w 为图中最大不相交路径的实际值。这样 SP 算法的时间复杂度为 $O[wkn(p+q)]$，进而 LP、RP 和 GP 算法的时间复杂度也都为 $O[wkn(p+q)]$。

尽管这 4 个算法的时间复杂度表示形式上都相同，但是由于 SP 中蕴含了 LP、RP 和 GP 算法，因此 SP 算法是最慢的算法；而且 GP 算法因为比 LP 算法和 RP 算法略微复杂，所以 GP 算法是次慢算法；而 LP 算法和 RP 算法的时间复杂度则完全相同。

下面以例 4.2 来说明 GP 算法的工作原理。

例 4.2　给定图 4.5 所示的有向无环图，求从顶点 1 到顶点 8 路径长度为 4 的最大不相交路径。

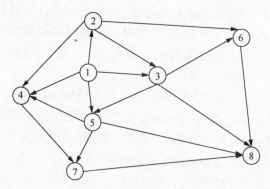

图 4.5　一个有向无环图

GP 算法的工作过程如下：首先将该问题用 Transforming 算法转化为图 4.6 所示的深度为 5 层的一棵网树。由于图 4.6 中灰色的网树结点均不能到达第 5 层结点 8（n_5^8），因此这些结点对计算结果不产生任何影响，属于无效结点。为了避免干扰，将图 4.6 简化为深度为 5 层的一棵网树，如图 4.7 所示。下面介绍如何按照优化路径策略获得一条从顶点 1 到顶点 8 路径长度为 4 的最大不相交路径。

对该化简后的网树，按照式（2.3）和式（2.39）计算第 2～4 层各个结点的树根路径数和叶子路径数，其结果标识在图 4.8 中每个结点的上方。其中"×"号前面的数值表示该结点的树根路径数，"×"号后面的数值表示该结点的叶子路径数。

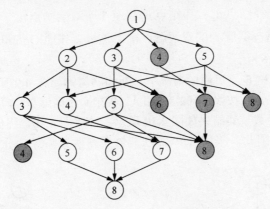

图 4.6　深度为 5 层的一棵网树

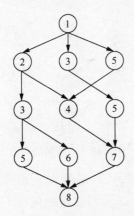

图 4.7　简化后的网树

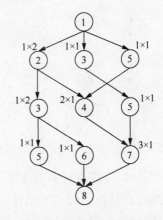

图 4.8　标出结点的树根路径数和叶子
路径数的网树

不难计算出，结点 n_2^2 的树根—叶子路径数为 1×2=2，即从顶点 1 到顶点 8 在路径长度为 4 的情况下，在路径中第 2 个位置经过顶点 2 的路径共有 2 条，这与实际有 2 条路径（<1,2,3,5,8>和<1,2,3,6,8>）在第 2 位置为顶点 2 一致。同理，可以计算出结点 n_2^3 和 n_2^5 的树根叶子路径数均为 1；结点 n_3^3、n_3^4 和 n_3^5 的树根—叶子路径数分别为 2、1 和 1；结点 n_4^5、n_4^6 和 n_4^7 的树根—叶子路径数分别为 1、1 和 2。按照式（4.3）不难计算出各个顶点的树根—叶子路径数。由于顶点 3 在图 4.8 的网树中 2 次重复出现，因此顶点 3 的总路径数 $T(3)=N_p(n_2^3)+N_p(n_3^3)$=1+2=3；而顶点 5 在网树中 3 次重复出现，所以顶点 5 的总路径数 $T(5)=N_p(n_2^5)+N_p(n_3^5)+$

$N_p(n_4^5)$=1+1+1=3；而顶点2、4、6和7的树根—叶子路径数分别为2、2、1和3。按照优化路径策略可知，结点n_5^8在选择双亲的过程中要选择结点树根—叶子路径数最小的双亲结点，因此选择结点n_4^6；而结点n_4^6仅有1个双亲结点n_3^3，因此选择结点n_3^3；通过结点n_3^3又会选择其唯一的双亲结点n_2^2，这样就按照 OptimizedMost 策略形成了一条路径<1,2,3,6,8>。

在顶点2、3和6不可用的情况下，新的网树为如图4.9所示。在顶点2、3和6不可用的情况下，按照式（2.3）和式（2.39）计算第2~4层各个结点的树根路径数和叶子路径数，其结果如图4.10所示。针对图4.10，优化路径策略能获得<1,5,4,7,8>路径。因此，采用 GP 算法能够获得两条路径，分别为<1,2,3,6,8>和<1,5,4,7,8>。

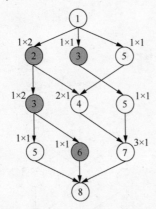 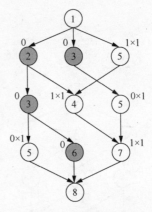

图 4.9　部分结点不可用时的网树　　　　图 4.10　更新后的网树

依据图4.7，结点n_5^8具有3个双亲结点，分别为n_4^5、n_4^6和n_4^7。由于采用最左路径策略在选择结点n_5^8双亲结点过程中选择了结点n_4^5，而结点n_4^5仅有1个双亲结点n_3^3，因此最左路径策略再次选择了结点n_3^3，之后选择了结点n_2^2，这样采用LeftMost 策略可以获得路径<1,2,3,5,8>，因此 LP 算法的结果就仅为<1,2,3,5,8>。同理，按照最右路径策略，可以获得路径<1,3,5,7,8>，故 RP 算法的结果就仅为<1,3,5,7,8>。因此，SP 算法与 GP 算法结果相同，均为<1,2,3,6,8>和<1,5,4,7,8>。

通过此运行实例可以看出，GP 算法具有如下3个优点。

1）从第 k+1 层树叶结点向树根结点回溯的树根—叶子路径一定能够抵达树根结点且长度满足约束 k 的要求，反之，则不一定。从图4.6中可以看出，从树根结点向下寻找树根—叶子路径，有时并不能抵达第5层叶子结点n_5^8。例如，一旦树根结点向下选择了结点n_2^4，则最深抵达第4层的结点8，即n_4^8，此时路径长度为3，不满足路径长度为4的约束。如果采用此方式寻找一条长度约束路径，会不可避免地采用递归查找方法，易知递归查找的时间复杂度为指数形式。从图4.7

中可以清晰地看出，从叶子结点 n_5^8 向上回溯树根的所有路径长度均为 4。这样在生成一条长度约束的路径过程中，就避免了指数形式的递归查找问题，在 $O(k)$ 时间复杂度内即可解决。

2）GP 算法采用网树结构，不但可以方便地计算出 $N(G,s,t,k)$，而且可以计算出图中每个顶点的总路径数。尽管采用矩阵乘法可以解决这些问题，但是开销过大，因为包含了大量无用的计算。从图 4.7 中可以看出，GP 算法仅对网树中有限的结点计算其树根—叶子路径数，而采用矩阵乘法则需要对所有顶点都计算。更为重要的是，采用网树结构易于从第 $k+1$ 层树叶结点回溯形成一条长度为 k 的树根—叶子路径，而矩阵乘法则难以实现。

3）依据图中顶点的总路径数信息易于构造求解算法。GP 算法即利用顶点的总路径数信息，从当前结点出发，每次选择优化双亲结点，以此进行求解。

4.2.2　实验结果及分析

为了获得较大规模的有向无环图，并获得该图中最大不相交路径数，我们建立了不相交路径创建算法（disjoint paths creation，DPC）。该算法可以依据用户输入的 n、k 和 d 来随机生成从顶点 1 到顶点 n 路径长度为 k 情况下，最大不相交路径数 w 的有向无环图，这里 d 表示图中边密度，w 为一个大于 0.7 倍理论最大不相交路径数 [该数为 $(n-2)/(k-1)$] 的随机数（因为如果最大不相交路径太少且在边密度较高，任何一种算法都相对较容易获得较好质量的解，所以难以用来评价算法的好坏，这一点在后面的实验中也有所体现）。该算法采用的原理如下。

第 1 步：随机生成 $w(k-1)$ 个不同数字，其范围为 2～$(n-1)$，每个数字表示一个顶点名。

第 2 步：建立一条长度为 k 的路径。每 $k-1$ 个数字与顶点 1 和 n 一起构成一条长度为 k 的路径，具体做法是从前一个数字顶点向后一个数字顶点建立一条有向边，然后顶点 1 向这 $k-1$ 个数字中第一个数字顶点建立一条有向边，最后一个顶点向顶点 n 建立一条有向边。

第 3 步：迭代第 2 步，直到建立 w 条长度为 k 的不相交路径。

第 4 步：随机加边。随机生成 2 个介于 1～$(n-1)$ 的数字 a 和 b，判断从 a 到 b 的有向边是否存在，如果存在则重新生成；如果 a 与 b 相同，也重新生成；如果会产生回路，也重新生成（从顶点 b 出发，依据当前图 G 的状态，采用广度优先搜索策略，如果能够回到顶点 a，说明存在回路）。直到可以生成一组满足要求的数字，然后在顶点 a 和 b 之间建立一条有向边。

第 5 步：迭代第 4 步，直到图中边的密度为用户指定的 d 值后停止。

由于第 2 步和第 3 步保证了顶点 1 到顶点 n 之间有 w 条路径长度为 k 的不相交路径，并且第 4 步在生成边的过程中 b 最大为 $n-1$，不能取到 n，因此顶点 n 的入度就仅仅为 w，这样就确保随机生成的有向无环图从顶点 1 到顶点 n 之间最

多仅有 w 条路径长度为 k 的不相交路径。

　　为了验证算法的可行性，将顶点数固定为 $n=200$。表 4.6 给出了 k 分别为 5、6 和 7，边密度分别为 0.06、0.08、0.10、0.12、0.14、0.16、0.18、0.20、0.25、0.30、0.35、0.40、0.45、0.50、0.55 和 0.60 的情形下，系统随机生成的最大不相交路径数 w。

表 4.6　有向无环图中实际最大不相交路径数　　　　　　　（单位：个）

d	$k=5$	$k=6$	$k=7$
0.06	36	30	27
0.08	41	30	24
0.10	44	34	26
0.12	36	30	25
0.14	44	35	28
0.16	39	32	28
0.18	44	29	28
0.20	42	35	29
0.25	35	28	32
0.30	39	29	28
0.35	40	31	27
0.40	43	29	29
0.45	42	30	26
0.50	42	28	28
0.55	40	31	29
0.60	43	32	28

　　表 4.7～表 4.9 分别给出了 $k=5$、$k=6$ 和 $k=7$ 时各个算法找出的最大不相交路径数。

表 4.7　$k=5$ 时各个算法找出的最大不相交路径数　　　　　（单位：个）

d	LP 算法	RP 算法	SP 算法	GP 算法
0.06	27	29	33	33
0.08	32	30	36	39
0.10	34	36	41	42
0.12	32	32	36	36
0.14	36	36	43	43
0.16	34	37	39	39
0.18	35	37	43	44
0.20	38	35	39	40
0.25	31	34	35	35
0.30	36	35	37	37
0.35	39	38	40	40
0.40	40	37	42	42
0.45	38	40	41	41
0.50	39	42	41	41

d	LP 算法	RP 算法	SP 算法	GP 算法
0.55	40	39	40	40
0.60	42	38	43	43

表 4.8　$k=6$ 时各个算法找出的最大不相交路径数　　　（单位：个）

d	LP 算法	RP 算法	SP 算法	GP 算法
0.06	21	21	26	26
0.08	23	24	28	28
0.10	24	26	32	32
0.12	23	26	28	28
0.14	28	27	35	34
0.16	28	26	32	32
0.18	26	26	28	28
0.20	28	29	35	35
0.25	24	25	28	28
0.30	27	27	29	29
0.35	31	29	31	31
0.40	27	29	29	29
0.45	28	29	30	30
0.50	28	28	28	28
0.55	30	28	31	31
0.60	31	32	32	32

表 4.9　$k=7$ 时各个算法找出的最大不相交路径数　　　（单位：个）

d	LP 算法	RP 算法	SP 算法	GP 算法
0.06	20	20	24	23
0.08	19	19	24	24
0.10	20	19	25	25
0.12	20	19	24	25
0.14	21	22	27	27
0.16	23	21	27	26
0.18	24	21	27	27
0.20	23	25	28	28
0.25	28	25	31	31
0.30	23	23	27	27
0.35	25	26	27	27
0.40	27	27	28	28
0.45	24	24	25	25
0.50	26	27	28	28
0.55	28	27	28	28
0.60	26	26	27	28

为了清晰地呈现在不同边密度下几种算法的求解性能，采用近似率进行评价，这里近似率=算法结果/实际结果。这里将边密度分为较低和较高两种，较低的边密度是指边密度为 0.06~0.20；较高的边密度是指边密度为 0.25~0.60。表 4.10 给出了路径长度为 5、6 和 7 及全部实例下，不同边密度下 4 种算法的平均近似率。

表 4.10　各种情形下各个算法的平均近似率

算法	k=5		k=6		k=7		全部	
	d=0.06~0.20	d=0.25~0.60	d=0.06~0.20	d=0.25~0.60	d=0.06~0.20	d=0.25~0.60	d=0.06~0.20	d=0.25~0.60
LP	82.2%	94.1%	78.8%	95.0%	79.1%	91.2%	80.3%	93.5%
RP	83.4%	93.5%	80.4%	95.4%	77.2%	90.3%	80.8%	93.2%
SP	95.1%	98.5%	95.7%	100.0%	95.8%	97.4%	95.5%	98.6%
GP	96.9%	98.5%	95.3%	100.0%	95.3%	97.8%	96.0%	98.7%

表 4.11 给出了 LP、RP、GP 及 SP 算法在各种情形下的平均运行时间。

表 4.11　各种情形下各个算法的平均运行时间　　　　　（单位：ms）

算法	k=5		k=6		k=7		全部	
	d=0.06~0.20	d=0.25~0.60	d=0.06~0.20	d=0.25~0.60	d=0.06~0.20	d=0.25~0.60	d=0.06~0.20	d=0.25~0.60
LP	13.3	20.5	15.6	24.4	20.1	28.9	16.3	20.5
RP	13.9	20.1	16.2	24.6	19.0	29.1	16.3	20.5
SP	46.3	103.9	53.3	110.9	55.5	124.2	51.7	82.4
GP	17.4	34.0	20.8	36.5	25.8	41.4	21.3	29.3

1）通过表 4.7~表 4.9，可以很容易地发现 GP 和 SP 算法的实验结果明显好于 LP 和 RP 算法。从这 48 组实例中，可以发现其中的 47 组实例 GP 和 SP 算法的实验结果都显著地好于或等同于 RP 和 LP 算法。例如，在表 4.7 中，当边密度为 0.08 时，RP 算法仅仅找到了 30 条路径，LP 算法找到了 32 条路径，而 GP 算法找到了 39 条路径，SP 算法也找到了 36 条路径，问题解的质量得到了显著的提高。仅有 $k=5$，边密度为 0.5 这一组实例，RP 算法恰好取得了 42，对比表 4.6，可知该实例的解是 42，而 GP 和 SP 算法都仅取得了 41。因此，通过实验结果可以充分说明 GP 和 SP 算法解的质量优于 LP 和 RP 算法。造成这种现象的原因是 LP 和 RP 算法都是近似随机性算法，随机性算法有可能恰好找到一个实例的最优解；而 GP 和 SP 算法都是贪婪算法，是有目的的选择性算法，因此解的质量能够显著优于 LP 和 RP 算法。

2）伴随着边密度的增高，4 种算法近似率也呈现提高趋势。例如，在图 4.11 中，当边密度为 0.06 时，LP 和 RP 算法的识别近似率约在 70%；当边密度达到 0.30 时，这 2 个算法的近似率接近 95%；而当边密度达到 0.35 时，LP 算法的近似率竟然达到了 100%。在图 4.12 和图 4.13 中也很容易观察到这样的现象。此外，

表 4.10 更是清晰地以数字形式将这一现象呈现出来，可以看到，当边密度较低时，LP 和 RP 算法的近似率大约在 80%；而当边密度较高时，LP 和 RP 算法的近似率都达到了 95% 左右。GP 和 SP 算法也有相似的情况，当边密度较低时，近似率在 95% 以上；当边密度较高时，这 2 个算法的近似率都达到或接近 98%，特别是当 $k=6$ 时，这 2 个算法的近似率都是 100%。

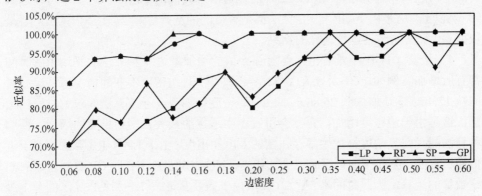

图 4.11　$k=6$ 时各个算法的近似率

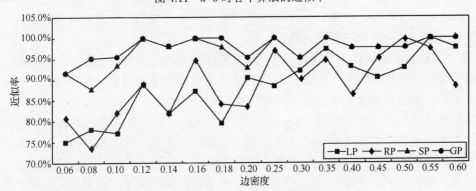

图 4.12　$k=5$ 时各个算法的近似率

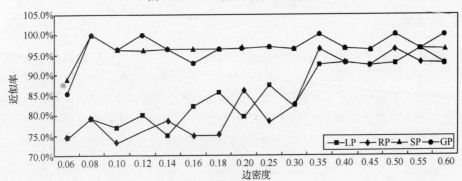

图 4.13　$k=7$ 时各个算法的近似率

3）LP 和 RP 算法的近似率接近相同，GP 和 SP 算法的近似率也近似相同。由于 LP 和 RP 算法都属于随机性算法，因此从表 4.10 中可以看出，当边密度较低时，这 2 种算法的近似率都在 80%左右；而在边密度较高的情况下，近似率都在 93%左右，这是由随机算法的随机特性决定的。GP 和 SP 算法在边密度较低的情况下，近似率达到了 95.5%以上；而在边密度较高的情况下，近似率可以达到 98.6%以上。这是由于 GP 和 SP 算法都是有目的的选择性算法，且 SP 算法主要是依据 GP 算法的结果进行选择的结果。

4）从表 4.11 中不难看出，伴随着 k 值的增加，这 4 种算法的平均求解时间都有所增加。例如，GP 算法在 k=5、k=6 和 k=7 且边密度不变的情况下，运行时间从 17.4ms 逐渐增大到 25.8ms。此外，边密度增加也会导致算法的求解时间的增加，这是由于边密度增加，自然会引发图中顶点的最大入度和出度的增加，而 4 种算法的时间复杂度描述中都存在图的入度和出度。由于 LP 和 RP 算法都属于近似随机算法，因此平均运行时间大致相同，都为 16ms 左右；而 GP 算法由于有一定数量的运算，因此时间略长；SP 算法由于需要从 LP、RP 和 GP 算法的解中进行选择，因此控制策略最为复杂，平均运行时间比 LP、RP 和 GP 算法运行时间总和还略长。综上，表 4.11 的平均运行时间与 4 种算法的时间复杂度分析一致，验证了时间复杂度分析的正确性。

5）从算法的精确度角度可以看出 GP 算法的精确度最好，通常情况下其都能取得最好的近似率。此外，SP 算法实验结果说明简单地将结果进行拼装，之后从众多结果中选择对图影响最小的路径，这一想法难以进一步提高算法的近似率，甚至在某些情况下有可能导致近似率的降低。从运行时间角度看，SP 算法的运行时间也大大长于其他 3 种算法。GP 算法的运行时间虽然较随机算法的运行时间略长，但是依然很快，平均 30 ms 就可以对 200 个顶点的图问题进行处理，这说明该算法具有很强的实用性。因此，GP 算法无论是在解的质量方面还是运行速度方面均为非常理想的算法。

4.2.3　本节小结

本节对求解有向无环图中具有长度约束的最大不相交路径问题进行了介绍，利用网树结构快速计算了有向无环图中每个顶点的总路径数；并在此基础上，利用网树数据结构构造了 GP 算法。为了测试 GP 算法的近似率，建立了用于生成测试用例的生成算法 DPC。之后大量实验结果表明，GP 算法具有良好的求解近似性，并具有较低的时间复杂度，实验结果验证了 GP 算法的可行性和有效性。

第 5 章　网树研究总结与展望

5.1　网树研究总结

本书提出了一种新型数据结构——网树结构，该结构是一种多树根、多双亲的拓展树形结构，适于描述问题中存在多前驱、多后继关系的情况。这种结构可以非常直观、形象地表示现实生活中的诸多问题，如人类的亲缘关系，这是因为每个人都存在父母双亲，而非单亲；每个人均可以有多个孩子，而非单个孩子。再如，老师与学生关系，若其为学生，则其有多位老师；若其作为老师，则其有多名学生。

本书采用网树结构解决了多种间隙约束模式匹配问题、多种序列模式挖掘问题和多种图论问题，这些问题包括无特殊条件下精确模式匹配问题、一次性条件下模式匹配问题、无重叠条件下模式匹配问题、无重叠条件下序列模式挖掘问题、具有长度约束的路径数问题和具有长度约束的最大不相交路径问题。

此外，本书还介绍了几种网树结构的变形结构，如单根网树、子网树和不完全网树。单根网树是指网树中只有一个树根结点的网树，并介绍了用单根网树结构解决无特殊条件下近似模式匹配问题。子网数是指网树中某一层只有一个结点，通过该结点向上扩展生成网树的树根、向下扩展生成网树的叶子，并介绍了用子网树结构解决无特殊条件下一般间隙精确模式匹配问题。不完全网树是指网树的最后一层结点，其用来存储子模式在序列中的出现情况。运用不完全网树结构，在一遍扫描序列的情况下，可以生成其所有超模式的不完全网树和计算这些超模式的支持度，并介绍了用不完全网树结构解决无特殊条件下序列模式挖掘问题。

5.2　网树研究展望

网树结构作为一种新型数据结构，不仅存在上述多种变形结构，还可以存在单叶网树，即网树中只有一个叶子结点。运用单叶网树，可以构造在线算法，解决无特殊条件下精确或近似模式匹配问题。此外，网树结构不但可以解决本书中所提及的模式匹配与序列模式挖掘问题及图论问题，还可以解决其他多种问题。

5.2.1　模式匹配的展望研究

在模式匹配方面，本书介绍了一次性条件下精确模式匹配问题。由于该问题是一个 NP-Hard 问题，因此提出了 SBO 算法这一启发式算法进行求解，是否还存在比 SBO 算法求解质量更好的算法值得探索。此外，本书还介绍了无重叠条件下精确模式匹配问题，该问题的求解算法 NETLAP-Best 在最坏情况下的时间复杂度为 $O(m^2nW)$，是否存在更快更有效的方法能使 NETLAP-Best 算法的时间复杂度降低，值得深入探索，因为这将直接影响到后续的序列模式挖掘算法的效率[93]。

更重要的是，本书介绍了汉明距离近似模式匹配，其用来度量两个相同长度的序列串中存在多少个不同的字符。但是这种度量方式有时会引入更大的噪声，这是因为这种度量方式并未度量字符与字符之间的实际距离，即在汉明距离下，a 与 b 不同，与 a 与 m 不同的作用相同，均为 1 个不同。如何既考虑不同字符的数量，又同时考虑不同字符之间的差异，这需要局部–整体（δ-γ）近似模式匹配[94-96]。

例如，时间序列符号化后会带来数据噪声问题，若采用精确模式匹配则会遗漏很多重要信息。拟在 SAX 符号化的过程中引入网树，并在其建立过程中将一定阈值范围内的数据视为其他符号，以此实现局部–整体（δ-γ）近似模式匹配。在 δ-γ 近似模式匹配计算过程中，每个位置的近似出现采用不超过 δ 距离进行约束，而整体出现采用不超过 γ 距离进行约束，以达到消除噪声的目的。为了对此问题进行详细说明，图 5.1 给出了 9 组符号化后的时间序列，用于说明 δ-γ 近似模式匹配的必要性及特点。

图 5.1（a）与无间隙的模式 P 一致。图 5.1（b）和（c）可以与 P 精确匹配，具有间隙，可以纠正相位差异。图 5.1（d）～（f）不能与 P 精确匹配，虽然在汉明距离阈值为 1 时可以匹配，但是偏差大，与图 5.1（a）在整体上不相似。其中，图 5.1（d）中的 f 与 b 偏差大，图 5.1（e）中的 e 与 c 偏差大，图 5.1（f）中的 d 与 b 偏差大。图 5.1（g）～（i）不能与 P 精确匹配，但在 (δ,γ)-距离下可以匹配。其中，图 5.1（g）和（h）在 δ=1，γ=1 时可以匹配；图 5.1（i）在 δ=1，γ=1 时不能匹配，在 δ=1，γ=2 时可以匹配。

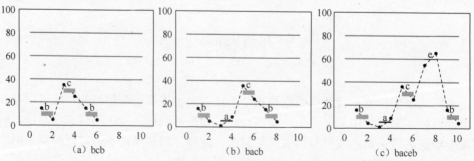

图 5.1　模式 P=b[0,1]c[0,1]b 与符号化后的时间序列匹配

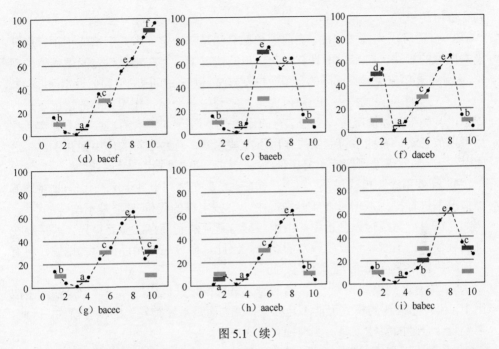

图 5.1（续）

注：图中"– •–"表示原始时间序列，█ 表示精确匹配片段，█ 表示近似匹配片段，▬ 表示符号化后间隙片段。

5.2.2 序列模式挖掘的展望研究

　　在序列模式挖掘方面，本书介绍了无约束条件下序列模式挖掘和无重叠条件下序列模式挖掘两种挖掘形式，均为频繁序列模式挖掘。频繁序列模式挖掘存在一个问题，即可能挖掘的模式数量过多，这不利于找到有价值的模式，因此需要对频繁模式进行压缩[97-98]。此外，当前序列模式挖掘研究是在诸多特定限制下开展的，如开展自适应序列模式挖掘研究，以解决用户不具有先验知识的问题[99]；开展三支序列模式挖掘研究，以解决序列中各个字符的作用不均等的问题[100-101]；开展高效用序列模式挖掘研究，以解决各个字符代价不同的问题[102-104]；开展稀有序列模式挖掘研究，以解决有价值的模式是偶发的问题[105]；开展对比序列模式挖掘研究[106-107]，以解决序列具有类标的问题[108-110]；开展概念漂移序列模式挖掘研究，以解决有价值的模式发生变化的问题[111]。其具体说明如下：

　　1）频繁模式的压缩。在频繁模式挖掘研究中，存在 Top-*k* 模式挖掘形式[41]、闭合频繁模式挖掘形式[112]和最大频繁模式挖掘形式[79]等，其中 Top-*k* 模式挖掘是指挖掘最频繁的 *k* 种模式；闭合频繁模式挖掘是指挖掘闭合频繁模式，其是指该模式的支持度与其超模式支持度不同，若相同，则该模式为非闭合模式；最大频繁模式挖掘是指该模式的所有超模式均为非频繁模式，其所有子模式均为频繁模式的模式。上述 3 类挖掘形式均可以有效地压缩频繁模式的数量，从而有效地找到有价值的模式。

2）自适应序列模式挖掘。当前的挖掘算法是在给定间隙约束情况下进行序列模式挖掘的算法，在用户不具有先验知识的情况下，存在难以设定间隙阈值的现象，因此需要研究免预设间隔的自适应挖掘方法，以解决间隙约束阈值设定问题[113]。

3）三支序列模式挖掘。当前研究是在序列中各个字符作用均等的情况下进行挖掘，但是在实际情况中，某些字符的作用是不均等的[114]，有些字符不起实质作用可以被忽略，有些字符起实质作用不能被忽略，有些字符的作用则介于二者之间[115-117]，为此需要研究无重叠条件下三支序列模式挖掘[118-119]问题。

4）高效用序列模式挖掘[120-121]。当前研究是在序列中各个字符代价/收益均等的情况下进行挖掘，但是在实际情况中，某些字符的代价/收益是不均等的[122]。例如，在用户消费行为分析中，由于海鲜与蔬菜的利润存在显著差异，若单纯挖掘高频项，则不能真正反映收益的高低。因此，研究高效用序列模式挖掘，将有效地解决各个字符代价/收益不均等的问题。

5）稀有序列模式挖掘[105]。当前研究是挖掘频繁模式的算法，但是在诸多应用中，用户感兴趣的模式可能不是频繁模式，而是不经常发生的稀有模式。因此，需要设计合理的剪枝策略，实现稀有模式挖掘。

6）对比序列模式挖掘[123]。当前研究是在不具有类别标签或单一类别标签的序列中进行挖掘。针对具有分类标签的分类序列数据，若挖掘频繁模式实现特征提取，则难以获得较好的分类效果；若挖掘正类频繁且负类不频繁的对比模式，以实现特征提取，则有望获得较好的分类效果。

7）概念漂移序列模式挖掘。当前研究是挖掘稳定不变的频繁模式，但是在长序列中，伴随序列长度的增加，后面的序列模式与前面的序列模式可能会发生变化[124-125]，如果采用"稳态"方式挖掘，则不能及时发现变化的模式，需要设计合理的算法实现具有概念漂移的模式挖掘。

5.2.3　其他问题的展望研究

在图论方面，本书介绍了长度约束路径数问题和最大不相交路径问题，其中最大不相交路径问题可以转化为最大流和最小割问题，如何运用网树求解最大流和最小割问题仍需探索。此外，图的最小割问题在图像分割中具有重要应用，而后者是图像处理和机器视觉的一个主要问题。如何运用网树结构实现图像分割，亟待探索。

更为重要的是，结合基因检测技术，运用网树结构可以构建并描述人类的亲缘关系，一旦建立起来，给定一个人，则可以方便地找出其属于哪个家庭/家族，这有利于特定人的查找。此外，运用网树结构也可以计算两个人在生物学上的距离。这些应用也需展开。

参 考 文 献

[1] LEUNG C K S, KHAN Q I. DSTree: a tree structure for the mining of frequent sets from data streams[C]. Sixth International Conference on Data Mining (ICDM'06), Hongkong, 2006: 928-932.

[2] LIN C W, HONG T P, LU W H. An effective tree structure for mining high utility itemsets[J]. Expert Systems with Applications, 2011, 38(6): 7419-7424.

[3] WU Y X, WU X D, MIN F, et al. A nettree for pattern matching with flexible wildcard constraints[C]. Proceedings of the 2010 IEEE International Conference on Information Reuse and Integration (IRI 2010), Las Vegas, 2010: 109-114.

[4] WU Y X, WU X D, JIANG H, et al. A nettree for approximate maximal pattern matching with gaps and one-off constraint[C]. Proceedings of the 2010 22nd IEEE International Conference on Tools with Artificial Intelligence (ICTAI 2010), Arras, 2010(2): 38-41.

[5] WU X D, QIANG J P, XIE F. Pattern matching with flexible wildcards[J]. Journal of Computer Science and Technology, 2014, 29(5): 740-750.

[6] CANTONE D, CRISTOFARO S, FARO S. New efficient bit-parallel algorithms for the (δ, α)-matching problem with applications in music information retrieval[J]. International Journal of Foundations of Computer Science, 2009, 20(6):1087-1108.

[7] DARA V, MOGALLA S. Pattern based melody matching approach to music information retrieval[J]. Transactions on Machine Learning and Artificial Intelligence, 2017, 4(6): 78.

[8] NAVARRO G, RAFFINOT M. Fast and simple character classes and bounded gaps pattern matching, with applications to protein searching[J]. Journal of Computational Biology, 2003, 10(6): 903-923.

[9] 项泰宁, 郭丹, 王海平, 等. 带通配符的模式匹配问题及其解空间特征分析[J]. 计算机科学, 2014, 41(9): 269-274.

[10] RETWITZER M D, POLISHCHUK M, CHURKIN E, et al. RNAPattMatch: a web server for RNA sequence/ structure motif detection based on pattern matching with flexible gaps[J]. Nucleic Acids Research, 2015, 43(1): W507-W512.

[11] 强继朋, 谢飞, 高隽, 等. 带任意长度通配符的模式匹配[J]. 自动化学报, 2014, 40(11): 2499-2511.

[12] WU Y X, SHEN C, JIANG H, et al. Strict pattern matching under non-overlapping condition[J]. Science China Information Sciences, 2017, 60 (1): 1-16.

[13] CROCHEMORE M, ILIOPOULOS C, MAKRIS C, et al. Approximate string matching with gaps[J]. Nordic Journal of Computing, 2002, 9(1): 54-65.

[14] 侯宝剑, 谢飞, 胡学钢, 等. 基于后缀树的带有通配符的模式匹配研究[J]. 计算机科学, 2012, 39(12): 177-180.

[15] WU Y X, FU S, JIANG H, et al. Strict approximate pattern matching with general gaps[J]. Applied Intelligence, 2015, 42(3): 566-580.

[16] NAVARRO G, RAFFINOT M. Fast and flexible string matching by combining bit-parallelism and suffix automata[J]. Journal of Experimental Algorithmics (JEA), 2000, 5: 4-es.

[17] BILLE P, GOERTZ I L, VILDHØJ H W, et al. String matching with variable length gaps[J]. Theoretical Computer Science, 2012(443):25-34.

[18] 柴欣, 贾晓菲, 武优西, 等. 一般间隙及一次性条件的严格模式匹配[J]. 软件学报, 2015, 26(5): 1096-1112.

[19] 武优西, 刘亚伟, 郭磊, 等. 子网树求解一般间隙和长度约束严格模式匹配[J]. 软件学报. 2013, 24(5): 915-932.

[20] 吴信东, 谢飞, 黄咏明, 等. 带通配符和 one-off 条件的序列模式挖掘[J]. 软件学报, 2013, 24(8): 1804-1815.

[21] 刘慧婷, 刘志中, 黄厚柱, 等. 一般间隙与 One-Off 条件的序列模式匹配[J]. 软件学报, 2018, 29(2): 363-382.

[22] WU Y X, LI S S, LIU J Y, et al. NETASPNO: Approximate strict pattern matching under nonoverlapping condition[J]. IEEE Access, 2018, 6(1): 24350-24361.

[23] SHI Q S, SHAN J S, YAN W J, et al. NetNPG: nonoverlapping pattern matching with general gap constraints[J]. Applied Intelligence, 2020, 50(6): 1832-1845.

[24] GUO D, HU X, XIE F, et al. Pattern matching with wildcards and gap-length constraints based on a centrality-degree graph[J]. Applied Intelligence, 2013, 39(1): 57-74.

[25] 张浩, 叶明全. 求解 PMWOC 问题的位并行算法[J]. 计算机应用研究, 2015, 32(10): 2973-2977.

[26] MYERS E W. Approximate matching of network expressions with spacers[J]. Journal of Computational Biology, 1996, 3(1): 33-51.

[27] FREDRIKSSON K, GRABOWSKI S. Efficient algorithms for pattern matching with general gaps, and character classes[C]. Proceedings of the 2006 International Conference on String and Information Retrieval(SPIRE 2006), Berlin, Heidelberg: Springer-Verlag, 2006: 267-278.

[28] FREDRIKSSON K, GRABOWSKI S. Efficient algorithms for pattern matching with general gaps, character classes, and transposition invariance[J]. Information Retrieval, 2008, 11(4): 335-357.

[29] YEN S J, LEE Y S. Mining non-redundant time-gap sequential patterns[J]. Applied Intelligence, 2013, 39(4): 727-738.

[30] 汪浩, 王海平, 吴信东. 带有通配符和长度约束的模式匹配问题求解模型[J]. 计算机科学, 2016, 43(4): 279-283.

[31] MIN F, WU X D, LU Z Y. Pattern matching with independent wildcard gaps[C]. Proceedings of the 2009 Eighth IEEE International Conference on Dependable, Autonomic and Secure Computing (DASC 2009), Chengdu, 2009: 194-199.

[32] WU Y X, TANG Z Q, JIANG H, et al. Approximate pattern matching with gap constraints[J]. Journal of Information Science, 2016, 42(5): 639-658.

[33] 武优西, 周坤, 刘靖宇, 等. 周期性一般间隙约束的序列模式挖掘[J]. 计算机学报, 2017, 40(6): 1338-1352.

[34] 武优西, 吴信东, 江贺, 等. 一种求解 MPMGOOC 问题的启发式算法[J]. 计算机学报, 2011, 34(8): 1452-1462.

[35] WARMUTH M, HAUSSLER D. On the complexity of iterated shuffle[J]. Journal of Computer and System Sciences, 1984, 28(3): 345-358.

[36] XIE F, WU X, HU X, et al. Sequential pattern mining with wildcards[C]. Proceedings of the 2010 22nd IEEE International Conference on Tools with Artificial Intelligence (ICTAI 2010), Arras, 2010(1): 241-247.

[37] CHEN G, WU X D, ZHU X Q, et al. Efficient string matching with wildcards and length constraints[J]. Knowledge and Information Systems, 2006, 10(4): 399-419.

[38] AGRAWAL R, SRIKANT R. Fast algorithms for mining association rules in large databases[C]. Proceedings of 1994 International Conference on Very Large Data Bases (VLDB 1994), VLDB Endowment, 1994: 487-499.

[39] YUN U, LEE G. Incremental mining of weighted maximal frequent itemsets from dynamic databases[J]. Expert Systems With Applications, 2016, 54: 304-327.

[40] SONG W, LIU L, HUANG C. Generalized maximal utility for mining high average-utility itemsets[J]. Knowledge and Information Systems, 2021, 63(11): 2947-2967.

[41] NOUIOUA M, FOURNIER-VIGER P, GAN W, et al. TKQ: Top-K quantitative high utility itemsets mining[C]. International Conference on Advanced Data Mining and Applications, Cham, 2021: 16-28.

[42] NAWAZ M S, FOURNIER-VIGER P, YUN U, et al. Mining high utility itemsets with hill climbing and simulated annealing[J]. ACM Transactions on Management Information Systems, 2022, 13(1): 4.

[43] TRUONG T C, DUONG H V, LE B, et al. Efficient vertical mining of high average-utility itemsets based on novel upper-bounds[J]. IEEE Transactions on Knowledge and Data Engineering, 2019, 31(2): 301-314.

[44] TSENG V S, WU C W, FOURNIER-VIGER P, et al. Efficient algorithms for mining Top-K high utility itemsets[J]. IEEE Transactions on Knowledge and Data Engineering, 2016, 28(1): 54-67.

[45] 王乐, 熊松泉, 常艳芬, 等. 基于模式增长方式的高效用模式挖掘算法[J]. 自动化学报. 2015, 41(9): 1616-1626.

[46] LIU X Y, NIU X Z, FOURNIER-VIGER P. Fast Top-K association rule mining using rule generation property pruning[J]. Applied Intelligence, 2021, 51(4): 2077-2093.

[47] SHABTAY L, FOURNIER-VIGER P, YAARI R, et al. A guided FP-Growth algorithm for mining multitude-targeted item-sets and class association rules in imbalanced data[J]. Information Sciences, 2021, 553:

353-375.

[48] SAHOO J, DAS A K, GOSWAMI A. An efficient approach for mining association rules from high utility itemsets[J]. Expert Systems with Applications, 2015, 42(13): 5754-5778.

[49] LEE D, PARK S H, MOON S. Utility-based association rule mining: a marketing solution for cross-selling[J]. Expert Systems with Applications, 2013, 40(7): 2715-2725.

[50] HE Y, WU X D, ZHU X Q, et al. Mining frequent patterns with wildcards from biological sequences[C]. Proceedings of the 2007 IEEE International Conference on Information Reuse and Integration (IRI 2007), Las Vegas, 2007: 329-334.

[51] FOURNIER V P, GOMARIZ A, GUENICHE T, et al. TKS: Efficient mining of top-k sequential patterns[C]. Proceedings of the 2013 International Conference on Advanced Data Mining and Applications (ADMA 2013), Berlin Heidelberg, 2013: 109-120.

[52] SONG W, LIU Y, LI J H. Mining high utility itemsets by dynamically pruning the tree structure[J]. Applied Intelligence, 2014, 40(1): 29-43.

[53] AGRAWAL R, SRIKANT R. Mining sequential patterns[C]. 1995 International Conference on Data Engineering (ICDE 1995), Taipei, 1995(95): 3-14.

[54] MOONEY C H, RODDICK J F. Sequential pattern mining approaches and algorithms[J]. ACM Computing Surveys (CSUR), 2013, 45(2): 19.

[55] ZHANG L, LUO P, TANG L P, et al. Occupancy-based frequent pattern mining[J]. ACM Transactions on Knowledge Discovery from Data (TKDD), 2015, 10(2): 14.

[56] FOURNIER V P, LIN J C W, KIRAN R U, et al. A survey of sequential pattern mining[J]. Data Science and Pattern Recognition, 2017, 1(1): 54-77.

[57] FOURNIER-VIGER P, GOMARIZ A, GUENICHE T, et al. SPMF: a Java open-source pattern mining library[J]. The Journal of Machine Learning Research, 2014, 15(1): 3389-3393.

[58] GAN W S, LIN J C W, FOURNIER-VIGER P, et al. A survey of parallel sequential pattern mining[J]. ACM Transactions on Knowledge Discovery from Data (TKDD), 2019, 13(3): 25.

[59] GAN W, LIN C W, ZHANG J, et al. Utility mining across multi-dimensional sequences[J]. ACM Transactions on Knowledge Discovery from Data, 2021, 15(5): 82.

[60] PEI J, HAN J W, MORTAZAVI-ASL B, et al. PrefixSpan: mining sequential patterns efficiently by prefix-projected pattern growth[C]. Proceedings of the 2001 International Conference on Data Engineering (ICDE 2001), Heiclelberg, 2001: 215-224.

[61] GAN W, LIN C W, FOURNIER-VIGER P, et al. A survey of utility-oriented pattern mining[J]. IEEE Transactions on Knowledge and Data Engineering, 2021, 33(4): 1306-1327.

[62] CAO L B, DONG X J, ZHENG Z G. E-NSP: Efficient negative sequential pattern mining[J]. Artificial Intelligence, 2016, 235(1): 156-182.

[63] DONG X, GONG Y, CAO L. e-RNSP: an efficient method for mining repetition negative sequential patterns[J]. IEEE Transactions on Cybernetics, 2020, 50(5): 2084-2096.

[64] DONG X J, QIU P, LV J, et al. Mining top-k useful negative sequential patterns via learning[J]. IEEE Transactions on Neural Networks and Learning Systems, 2019, 30(9): 2764-2778.

[65] LI C, YANG Q, WANG J, et al. Efficient mining of gap-constrained subsequences and its various applications[J]. ACM Transactions on Knowledge Discovery from Data (TKDD), 2012, 6(1): 2.

[66] 王华东, 杨杰, 李亚娟. 带有间隔约束的多序列模式挖掘[J]. 计算机应用, 2014, 34(9): 2612-2616.

[67] ZHANG M, KAO B, CHEUNG D W, et al. Mining periodic patterns with gap requirement from sequences[J]. ACM Transactions on Knowledge Discovery from Data (TKDD), 2017, 1(2): 7.

[68] HUANG Y, WU X, HU X, et al. Mining frequent patterns with gaps and one-off condition[C]. Proceedings of the 2009 IEEE International Conference on Computational Science and Engineering (CSE 2009), Vancouver, 2009: 180-186.

[69] SONG W, JIANG B S, QIAO Y Y. Mining multi-relational high utility itemsets from star schemas[J]. Intelligent Data Analysis, 2018, 22(1): 143-165.

[70] GAN W S, LIN J C-W, ZHANG J X, et al. Fast utility mining on sequence data[J]. IEEE Transactions on Cybernetics, 2021, 51(2): 487-500.

[71] WU Y X, WANG L L, REN J D, et al. Mining sequential patterns with periodic wildcard gaps[J]. Applied Intelligence, 2014, 41 (1): 99-116.

[72] MIN F, WU Y X, WU X D. The apriori property of sequence pattern mining with wildcard gaps[C]. Proceedings of the 2010 IEEE International Conference on Bioinformatics and Biomedicine Workshops (BIBMW 2010), Hongkong, 2010: 138-143.

[73] WU X, ZHU X, HE Y, et al. PMBC: pattern mining from biological sequences with wildcard constraints[J]. Computers in Biology and Medicine, 2013, 43(5): 481-492.

[74] XIE F, WU X, ZHU X. Efficient sequential pattern mining with wildcards for keyphrase extraction[J]. Knowledge-Based Systems, 2017, 115: 27-39.

[75] WU Y Y, TONG Y, ZHU X Q, et al. NOSEP: nonoverlapping sequence pattern mining with gap constraints[J]. IEEE Transactions on Cybernetics, 2018, 48(10): 2809-2822.

[76] HOSSAIN M M, WU Y X, FOURNIER-VIGER P, et al. HSNP-Miner: high utility self-adaptive nonoverlapping pattern mining[C]. Proceedings of the 2021 IEEE International Conference on Big Knowledge (ICBK 2021), Auckland, 2021: 70-77.

[77] 王乐, 王水, 刘胜蓝, 等. 基于索引树的带通配符序列模式挖掘算法[J]. 计算机学报, 2019, 42(3): 554-565.

[78] TAN C, MIN F, WANG M, et al. Discovering patterns with weak-wildcard gaps[J]. IEEE Access, 2016(4): 4922-4932.

[79] LI Y, ZHANG S, GUO L, et al. NetNMSP: nonoverlapping maximal sequential pattern mining[J]. Applied Intelligence, 2021. DOI: 10.1007/s10489-021-02912-3.

[80] LIN J, KEOGH E J, LONARDI S, et al. A symbolic representation of time series with implications for streaming algorithms[C]. Proceedings of the 2003 ACM SIGMOD workshop on Research issues in Data Mining and Knowledge Discovery (DMKD 2003), ACM, 2003: 2-11.

[81] WANG X M, DUAN L, DONG G Z, et al. Efficient mining of density-aware distinguishing sequential patterns with gap constraints[C]. Proceedings of the 2014 International Conference on Database Systems for Advanced Applications (DASFAA 2014), Cham, 2014: 372-387.

[82] DING B L, LO D, HAN J W, et al. Efficient mining of closed repetitive gapped subsequences from a sequence database[C]. Proceedings of the 2009 IEEE 25th International Conference on Data Engineering (ICDE 2009), Shanghai, 2009: 1024-1035.

[83] 李艳, 孙乐, 朱怀忠, 等. 网树求解有向无环图中具有长度约束的简单路径和最长路径问题[J]. 计算机学报, 2012, 35(10): 2194-2203.

[84] 李艳, 武优西, 黄春萍, 等. 网树求解有向无环图中具有长度约束的最大不相交路径[J]. 通信学报, 2015, 36(8): 38-49.

[85] 周军锋, 陈伟, 费春苹, 等. BiRch: 一种处理 k 步可达性查询的双向搜索算法[J]. 通信学报, 2015, 36(8): 50-60.

[86] LI Y, ZHANG H, ZHU H, et al. IBAS: index based a-star[J]. IEEE Access, 2018, 6: 11707-11715.

[87] 刘夫云, 祁国宁, 车宏安. 复杂网络中简单路径搜索算法及其应用研究[J]. 系统工程理论与实践, 2006(4): 9-13.

[88] 王建新, 杨志彪, 陈建二. 最长路径问题研究进展[J]. 计算机科学, 2009, 36(12): 1-4.

[89] 包学才, 戴伏生, 韩卫占. 基于拓扑的不相交路径抗毁性评估方法[J]. 系统工程与电子技术, 2012, 34(1): 168-174.

[90] 方效林, 石胜飞, 李建中. 无线传感器网络一种不相交路径路由算法[J]. 计算机研究与发展, 2009, 46(12): 2053-2061.

[91] 冯涛, 郭显, 马建峰, 等. 可证明安全的结点不相交多路径源路由协议[J]. 软件学报, 2010, 21(7): 1717-1731.

[92] ITAI A, PERL Y, SHILOACH Y. The complexity of finding maximum disjoint paths with length constraints[J].

Networks, 1982, 12(3): 277-286.

[93] 武优西, 刘茜, 闫文杰, 等. 无重叠条件严格模式匹配的高效求解算法[J]. 软件学报, 2021, 32(11): 3331-3350.

[94] WU Y X, FAN J Q, LI Y, et al. NetDAP: (δ, γ)-approximate pattern matching with length constraints[J]. Applied Intelligence, 2020, 50(11): 4094-4116.

[95] WU Y X, JIAN B J, LI Y, et al. NetNDP: nonoverlapping (delta, gamma)-approximate pattern matching[J]. Intelligent Data Analysis, 2022. DOI: 10.3233/IDA-216325.

[96] LI Y, YU L, LIU J, et al. NetDPO: (delta, gamma)-approximate pattern matching with gap constraints under one-off condition[J]. Applied Intelligence, 2021. DOI: 10.1007/s10489-021-03000-2.

[97] LI C, WANG J Y. Efficiently mining closed subsequences with gap constraints[C]. Proceedings of the 2008 SIAM International Conference on Data Mining (SDM 2008), SIAM: Society for Industrial and Applied Mathematics, 2008: 313-322.

[98] LAM H T, MÖRCHEN F, FRADKIN D, et al. Mining compressing sequential patterns[J]. Statistical Analysis and Data Mining, 2014, 7(1): 34-52.

[99] 王慧锋, 段磊, 左劼, 等. 免预设间隔约束的对比序列模式高效挖掘[J]. 计算机学报, 2016, 39(10): 1979-1991.

[100] WU Y X, YUAN Z, LI Y, et al. NWP-Miner: nonoverlapping weak-gap sequential pattern mining[J]. Information Sciences, 2022, 588: 124-141.

[101] MIN F, ZHANG Z H, ZHAI W, et al. Frequent pattern discovery with tri-partition alphabets[J]. Information Sciences, 2020, 507: 715-732.

[102] GAN W S, LIN J C-W, FOURNIER-VIGER P, et al. HUOPM: high utility occupancy pattern mining[J]. IEEE Transactions on Cybernetics, 2020, 50(3): 1195-1208.

[103] TSENG V S, WU C-W, FOURNIER-VIGER P, et al. Efficient algorithms for mining top-k high utility itemsets[J]. IEEE Transactions on Knowledge and Data Engineering, 2016, 28(1): 54-67.

[104] 王晓璇, 王丽珍, 陈红梅, 等. 基于特征效用参与率的空间高效用 co-location 模式挖掘方法[J]. 计算机学报, 2019, 42(8): 1721-1738.

[105] 周忠玉, 皮德常. 面向卫星遥测数据流的最小稀有模式挖掘方法[J]. 计算机学报, 2019, 42(6): 1351-1366.

[106] 陈湘涛, 肖碧文. 基于位置信息的显露序列模式挖掘研究[J]. 计算机科学, 2017, 44(7): 175-179.

[107] WANG T, DUAN L, DONG G, et al. Efficient mining of outlying sequence patterns for analyzing outlierness of sequence data[J]. ACM Transactions on Knowledge Discovery from Data, 2020, 14(5): 62.

[108] 杨皓, 段磊, 胡斌, 等. 带间隔约束的 Top-k 对比序列模式挖掘[J]. 软件学报, 2015, 26(11): 2994-3009.

[109] JI X, BAILEY J, DONG G. Mining minimal distinguishing subsequence patterns with gap constraints[J]. Knowledge and Information Systems, 2007, 11(3): 259-286.

[110] WU Y X, WANG Y H, LIU J, et al. Mining distinguishing subsequence patterns with nonoverlapping condition[J]. Cluster Computing, 2019, 22: 5905-5917.

[111] GE J, XIA Y, WANG J, et al. Sequential pattern mining in databases with temporal uncertainty[J]. Knowledge and Information Systems, 2017, 51(3): 821-850.

[112] WU Y X, ZHU C R, LI Y, et al. NetNCSP: Nonoverlapping closed sequential pattern mining[J]. Knowledge-Based Systems, 2020, 196: 105812.

[113] WANG Y H, WU Y X, LI Y, et al. Self-adaptive nonoverlapping sequential pattern mining[J]. Applied Intelligence, 2021. DOI: 10.1007/s10489-021-02763-y.

[114] 檀朝东, 闵帆, 吴霄, 等. 带弱通配符的模式匹配及其在时序分析中的应用[J]. 计算机科学, 2018, 45(1): 103-107

[115] CHENG S, WU Y, LI Y, et al. TWD-SFNN: three-way decisions with a single hidden layer feedforward neural network[J]. Information Sciences, 2021, 579, 15-32.

[116] YAO Y. Three-way decisions with probabilistic rough sets[J]. Information Sciences, 2010, 180 (3): 341-353.

[117] ZHAN J, YE J, DING W, et al. A novel three-way decision model based on utility theory in incomplete fuzzy decision systems[J]. IEEE Transactions on Fuzzy Systems, 2021, DOI:10.1109/TFUZZ.2021.3078012.

[118] WU Y X, LUO L, LI Y, et al. NTP-Miner: nonoverlapping three-way sequential pattern mining[J]. ACM Transactions on Knowledge Discovery from Data, 2022, 16(3): 51.

[119] WU X X, WANG X H, LI Y, et al. OWSP-Miner: self-adaptive one-off weak-gap strong pattern mining[J]. ACM Transactions on Management Information Systems, 2022, 13(3): 25.

[120] WU Y X, GENG M, LI Y, et al. HANP-Miner: high average utility nonoverlapping sequential pattern mining[J]. Knowledge-Based Systems, 2021, 229, 107361.

[121] WU Y X, LEI R, LI Y, et al. HAOP-Miner: self-adaptive high-average utility one-off sequential pattern mining[J]. Expert Systems with Applications, 2021, 184, 115449.

[122] LIN J C W, LI T, PIROUZ M, et al. High average utility sequential pattern mining based on uncertain databases[J]. Knowledge and Information Systems, 2020, 62(3): 1199-1228.

[123] WU Y X, WANG Y H, LI Y, et al. Top-k self-adaptive contrast sequential pattern mining[J]. IEEE Transactions on Cybernetics, 2021: 1-15.

[124] WU Y, LIU D, JIANG H. Length-changeable incremental extreme learning machine[J]. Journal of Computer Science and Technology, 2017, 32(3): 630-643.

[125] LIU D, WU Y, JIANG H. FP-ELM: An online sequential learning algorithm for dealing with concept drift[J]. Neurocomputing, 2016, 207(26): 322-334.